探究型

高校理科

資質・能力を
育てる
高等学校の
全授業

365日

生物基礎編

藤枝秀樹／山口晃弘／藤本義博
後藤顕一／野内頼一／金本吉泰 編

化学同人

授業で使える資料類は、化学同人のこの URL（QR コード）から
ダウンロードできます。
https://www.kagakudojin.co.jp/book/b641201.html
情報は随時更新していく予定です。

はじめに

　まずは、本書を手に取っていただき、ありがとうございます。『どのような授業をすれば、生徒が「主体的・対話的で深い学び」を実現することができるのだろうか？』『探究型の授業とは、どのような授業なのだろうか？』など、きっと現役の先生方や理科の教師を目指している学生の皆さんの多くは日々悩んだり考えたり試行錯誤したりされていることと思います。

　これからの時代を見据えると、「探究」はまぎれもなく生徒たちが自分の力で生きていく資質・能力を育む必要不可欠な学習活動の一つです。探究型の授業は、生徒たちにその後の人生を生きる基盤を提供し、大人たちにとっても新たな学びの機会を与えてくれます。学校教育に携わる先生方は探究型の授業を推進し、生徒たちの考えや感情に寄り添い、個別の支援を行うことや、多様な教育機会や環境を整える責任と義務を担っています。

　本書は、高等学校「生物基礎」の日々の授業を探究型の授業にしていくためのたたき台（事例）として、全ての授業をどのように構想し、実践していくかについて示した書籍です。いわゆる指導書的な「分かりやすさ」や専門書的な内容の「詳しさ」などは、他の優れた書籍に譲り、『探究型の授業をいかに構想するか』に向き合った書籍となっています。

　探究型の授業はさまざまな題材や方法を活用して展開することができます。学習指導要領の「生物基礎」では、三つの大項目があり、それぞれ二つの中項目で構成されています。そこで、本書では「生物基礎」の六つの中項目を単元としました。そして、全国で日々探究型の授業に向き合って活躍されている6名の先生（スーパーティーチャー）に、生の実践を提供していただき、六つの単元を6名の先生で分担して執筆しました。したがって、六者六様の授業展開となっています。もちろん、全ての授業において、これからの時代にとって必要な学びとは何かを検討し、学習指導要領に基づいて、育成すべき資質・能力を1時間ごとに明確にして展開しています。その際、中学校からの接続、専門科目や大学の学問への橋渡しについても意識しています。「生徒に届け、先生方に届け、未来に届け」という想い、責任と覚悟、魂を込め、ほとばしる熱い想いで、1時間1時間丁寧に作成しましたが、本書は決して授業案の手本でもゴールでもありません。ひとえに探究型の授業を構想するためのきっかけとなればと願い、作成しました。探究型の授業には、「こうすればよい」という正解はありません。学校や生徒の実態に合わせて、探究型の授業を工夫していただきたいと思います。そして、生徒たちが「探究」することを通して、自然現象（とりわけ「生物基礎」では、生物や生命現象）の素晴らしさ、精緻さ、不思議さなどに気付いてほしいと願っています。

　本書が、「生物基礎」を主に指導される先生方はもちろんのこと、他科目を主に指導される先生方の日々の授業を探究型に変えていくための一助となれば幸いです。また、大学で理科指導法や専門科目を指導される先生方や、これから高等学校の教壇に立つことを考えている大学生や大学院生にとって、模擬授業や教育実習授業などでのバイブルになることを目指しました。

　本書を作成するに当たり、イラストをご提供いただいた浅野理紗様、沖中聖様、校閲にご協力いただいた野々峠美枝様、困難な紙面製作を進めてくださった日本ハイコム様、いつも温かくしなやかに私たち編著者を見守ってくださった化学同人編集部佐久間純子様、本書の出版をお認めいただいた化学同人様に心より感謝申し上げます。

2024年6月

編著者を代表して　藤枝　秀樹

1 高等学校理科の目的とは

　何のための誰のための高等学校理科なのか、教師は意識する必要があるだろう。平成28年12月の中央教育審議会答申（中教審第197号）においては、予測困難な社会の変化に主体的に関わり、感性を豊かに働かせながら、どのような未来を創っていくのか、どのように社会や人生をよりよいものにしていくのかという目的を自ら考え、自らの可能性を発揮し、よりよい社会と幸福な人生の創り手となる力を身に付けられるようにすることが重要であること、こうした力は全く新しい力ということではなく学校教育が長年その育成を目指してきた「生きる力」であることを改めて捉え直し、学校教育がしっかりとその強みを発揮できるようにしていくことが必要とされた。また、汎用的な能力の育成を重視する世界的な潮流を踏まえつつ、知識及び技能と思考力、判断力、表現力等とをバランスよく育成してきた我が国の学校教育の蓄積を生かしていくことが重要とされた。

　この答申の中で、特に理科では、平成21年改訂の学習指導要領の成果と課題として、『PISA2015では、科学的リテラシーの平均得点は国際的に見ると高く、TIMSS2015では、1995年以降の調査において最も良好な結果になっているといった成果が見られる。また、TIMSS2015では、理科を学ぶことに対する関心・意欲や意義・有用性に対する認識について改善が見られる一方で、諸外国と比べると肯定的な回答の割合が低い状況にあることや、「観察・実験の結果などを整理・分析した上で、解釈・考察し、説明すること」などの資質・能力に課題が見られる。』とされた。なお、PISA調査における「科学的リテラシー」の枠組みを表1に示す。「科学的リテラシー」が中心のPISA2006、PISA2015の枠組みは、ともに探究の過程が重視され、「探究」は生きていく上で必要な力であることが示されており、高等学校理科が何のために「探究」を行うのかについて、国際的な視点から示唆を与えている。

　さらに、本答申では、資質・能力を育成する学びの過程についての考え方として、『理科においては、課題の把握（発見）、課題の探究（追究）、課題の解決という探究の過程を通じた学習活動を行い、それぞれの過程において、資質・能力が育成されるよう指導の改善を図ることが必要である。そして、このような探究の過程全体を生徒が主体的に遂行できるようにすることを目指すとともに、生徒が常に知的好奇心を持って身の回りの自然の事物・現象に関わるようになることや、その中で得た気付きから疑問を形成し、課題として設定することができるようになることを重視すべきである。』と示された。

表1　PISA調査「科学的リテラシー」の枠組み

	PISA2006	PISA2015
科学的能力	科学的な疑問を認識する	現象を科学的に説明する
	現象を科学的に説明する	科学的探究を評価して計画する
	科学的証拠を用いる	データと証拠を科学的に解釈する

2 学習指導要領実施状況調査から窺える高等学校理科 の課題とは

　現行学習指導要領（平成30年告示）の一つ前の学習指導要領（平成21年告示）改訂の検証である学習指導要領実施状況調査（国立教育政策研究所、2017）では、さまざまな課題が指摘された。この調査は学習内容の理解度を把握するための「ペーパーテスト調査」と学習状況を把握するための「質問紙調査」で構成されている。ここでは、生物基礎を例に挙げて、生徒質問紙調査と教師質問紙調査との結果比較などから明らかになった課題を紹介する。

　生徒質問紙によると、「生物の勉強が好きだ」と肯定的に回答した生徒は44.8%であった。さらに、「生物の学習をすれば、私の普段の生活や社会生活の中で役立つ」と肯定的に回答した生徒は41.2%であった（表2）。理科の基礎科目は、基礎的な科学的素養を幅広く養い、科学に対する関心をもち続ける態度を育てる科目として設定されているが、この結果は必ずしも望ましい結果とは言えない。また、生徒質問紙によると、「生物の勉強で、実験や観察をすることが好きですか」という質問に対して、肯定的な回答をしている生徒の割合は61.5%である一方で、教師質問紙によると、「生徒による観察・実験をどの程度実施していますか」という質問に対して、「半年に1回程度」「1年に1回程度」「実施していない」と回答している教師の割合の合計は35.0%であった。生徒による観察・実験を実施しないで、教科書の太字など重要用語の意味を教え、生徒が確認する座学中心の授業がかつては散見された。

　授業の取組の状況については、生徒質問紙において、「生物の勉強に関することで、分からないことや興味・関心をもったことについて自分から調べようとしていますか」という質問に対して、肯定的な回答をしている生徒の割合は36.7%にとどまっており、生徒の主体的な学習態度が十分には醸成されていないことが考えられる。また、教師質問紙においても、「探究活動を積極的に取り入れた授業を行っていますか。」という質問に対して、肯定的な回答をしている教師の割合は24.4%であり、生徒の主体的な学習活動が十分には行われていないことが考えられる。

表2　学習指導要領実施状況調査（2017）の生徒質問紙調査結果の一部抜粋

生徒質問紙調査	回答の割合（%）				
	そう思う	どちらかといえば そう思う	どちらかといえば そう思わない	そう思わない	分からない
生物の勉強が好きだ	17.2	27.6	19.2	28.7	6.5
生物の勉強は大切だ	19.9	37.5	18.4	15.7	7.9
生物の勉強をすれば、私の普段の生活や社会生活の中で役立つ	12.3	28.9	24.8	22.0	11.2

3 学習指導要領で求められる資質・能力と高等学校理科教育との関係とは

現行の学習指導要領（平成29・30年告示）では「社会に開かれた教育課程の実現」を目指し、「子供たち一人一人の可能性を伸ばし、新しい時代に求められる資質・能力を確実に育成」することとしている。育成すべき資質・能力を三つの柱（「知識及び技能」「思考力、判断力、表現力等」「学びに向かう力、人間性等」）（図1）として明確化し、それら三つの柱を学校生活全体で育むこと、全教科・全校種にわたり「主体的・対話的で深い学び」を通して学んでいくことが構造的に示されているのが大きな特徴である。改訂に向けた学習指導要領の方向性については、教育課程全体や各教科等の学びを通じて「何ができるようになるのか」という観点から育成すべき資質・能力を整理し、その上で、「何を学ぶのか」という必要な指導内容等を検討し、その内容を「どのように学ぶのか」という子供たちの具体的な学びの姿を考えながら構成することとされた（図2）。

また、平成28年12月の中央教育審議会答申では、理科における「探究の過程」として、「資質・能力を育成するために重視すべき学習過程のイメージ（高等学校基礎科目の例）」（図3）が示され、高等学校学習指導要領解説にも掲載された。ここでは、探究をどのように進めていくべきかについて、「学習過程例（探究の過程）」とともに「理科における資質・能力の例」、「対話的な学びの例」を示している。

本書では、学習指導要領の趣旨と目指すべき方向性、探究の過程である学習過程をしっかり踏まえた内容構成にしている。具体的には、単元ごと（本書では中項目ごと）で捉え、求められる資質・能力を明確にしている。また、授業1時間ごとに焦点化する資質・能力を明確にし、当該授業のねらいに応じた展開と板書の例、授業の工夫や学習評価の例を示している。

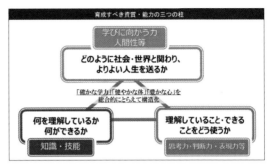

図1　育成すべき資質・能力の三つの柱

図2　学習指導要領改訂の方向性

図3　資質・能力を育成するために重視すべき学習過程のイメージ

4 令和の教育政策動向（「令和の日本型学校教育」答申、GIGAスクール構想）と理科教育とは

　中央教育審議会の答申「『令和の日本型学校教育』の構築を目指して〜全ての子供たちの可能性を引き出す、個別最適な学びと、協働的な学びの実現〜」（文部科学省、2021）では、「社会の変化が加速度的に増し、複雑で予測困難となってきている」といった変化を前向きに受け止め、どのように子供たちの学びの環境を良くしていくべきかという議論になっている。そして、全ての子供たちの可能性を引き出す、個別最適な学びと、協働的な学びの実現に向けて改革の方向性を示している。とりわけ重視しているのはICTの活用である。ICTは学校教育の基盤的なツールとして不可欠なものと位置付けられ、これまでの実践とICTとを最適に組み合わせていくことで、Society 5.0時代（※サイバー空間とフィジカル（現実）空間を高度に融合させたシステムにより．経済発展と社会的課題の解決を両立する「人間中心の社会（Society）」）にふさわしい学校の実現が果たされるとしている。さらには、学校や教師がすべき業務・役割・指導の範囲・内容・量の精選・縮減・重点化を果たすことを示している。また、例えば、「一斉授業か個別授業か」「デジタルかアナログか」「履修主義か修得主義か」「遠隔・オンラインか対面・オフラインか」などの二項対立の陥穽（かんせい）に陥らないよう、どちらの良さも適切に生かしていくことが求められている。

　また、GIGAスクール構想を加速し、1人1台端末の活用等による児童生徒の特性・学習定着度等に応じたきめ細かな指導の充実等、必要な通信環境の整備、学校におけるICT活用の効果を最大化する少人数による指導体制の計画的な整備等、効果的なオンライン教育を早期に実現するとしている。特に日本でも2020年1月に初めての感染者が確認された新型コロナウイルス感染症は世界を一変させ、人々の暮らしや社会だけでなく価値観や考え方をも変え、学校教育にも大きな影響を及ぼした。この先は新型コロナウイルスと共生しながら、教育活動や研究活動を行っていくことになるであろう。この間、急速かつ確実に進んだのは、GIGAスクール構想に代表される「学校のオンライン化」である。「学校のオンライン化」の加速は、学校教育を大きく飛躍させる可能性があるとともに、一方で特に理科教育では、従来の実験、観察の重視と理科で育成を目指す資質・能力の本質を見極め、現状の課題に正対してその解決を目指す具体的かつ効果的な取組が進まなければ、我が国の培ってきた理科教育を停滞させかねない。急速に進む我が国の「学校のオンライン化」を取り巻く教育政策動向を見据えながら、コロナ禍を超えて、求められる授業の在り方について検討する必要に迫られている。

　本書では、これらの教育政策動向をしっかり踏まえた内容構成を示している。具体的には、教育政策動向に対応するだけではなく、不易に相当する部分は従来の我が国の授業研究の良さや価値をしっかりと示し、流行に相当する部分は精査した上でこれからの生徒が獲得すべき資質・能力に応じた授業の工夫や新たな提案を示している。

図4　新学習指導要領とGIGAスクール構想の関係

5　今次改訂の学習指導要領で求められた小・中学校理科の学びとは

　高等学校理科においては、小・中・高等学校の全体を見通し、「自然の事物・現象に関わり、理科の見方・考え方を働かせ、見通しを持って観察、実験を行うことなどを通して、自然の事物・現象を科学的に探究するために必要な資質・能力を育成する」ことを目指している。特に、高等学校では「探究の過程」を通した学びの充実が求められている。生徒は「探究の過程」における学びを通して、粘り強く考えたり自己調整したりすることの意義や価値に気付くことができるだろう。教師は、生徒が時間をかけて一つの課題を考え抜くような学習機会や、観察、実験等を行い、その結果や考察から課題を再設定したり、観察、実験の計画を再度立案したりするような学習機会や、振り返りの学習機会などを意図的に設定することが考えられる。今次改訂の学習指導要領では、このような「探究の過程」を踏まえた不断の授業改善が期待されているが、このことは小学校理科や中学校理科についても同様である。高等学校理科の学習内容は小・中学校理科の学習内容の積み上げの結果でもあるので、高等学校の理科教師は小・中学校理科の学びを理解しておく必要がある。

　義務教育段階では各学年で育成を目指す資質・能力を明確化しているのが特徴の一つである。

　まず、中学校理科では、3年間を通じて計画的に、科学的に探究するのに必要な資質・能力を育成するために、各学年で主に重視する探究の学習過程の例を以下のように整理している。

　　中学校　第1学年：自然の事物・現象に進んで関わり、その中から問題を見いだす

　　中学校　第2学年：解決する方法を立案し、その結果を分析して解釈する

　　中学校　第3学年：探究の過程を振り返る

　次に、小学校理科では、各学年の学習内容を以下の学習活動等を通して学ばせることにより、資質・能力の育成を目指している。

　　小学校　第3学年：比較しながら調べる活動

　　小学校　第4学年：関係付けて調べる活動

　　小学校　第5学年：条件を制御しながら調べる活動

　　小学校　第6学年：多面的に調べる活動

　また、小・中・高等学校を通じて、エネルギー領域、粒子領域、生命領域、地球領域の内容の構成を示し、系統的に学びを深める工夫をしている。さらに、新学習指導要領では、見方・考え方を働かせて資質・能力を育成することを目指している。

　本書では、生徒にとって必要な資質・能力を育成するための学習活動として、できるだけ具体的に例示することを心がけた。しかし、学習活動には唯一の正解があるわけではなく、本書の事例をたたき台にして工夫・改善していただき、より良い学習活動を目指していただきたい。

6　「指導と評価の一体化」のための学習評価とは

　今次学習指導要領改訂を受けて、各教科にお
ける評価の基本構造を図示化したものが図5で
ある。

　学習評価の目的として、生徒の主体的・対話
的で深い学びの実現に向けた授業改善を行うと
ともに、単元や題材など内容や時間のまとまり
を見通しながら、評価の場面や方法を工夫して、
学習の過程や成果を評価することが求められて
いる。具体的には「内容のまとまり（単元や題
材）ごとの評価」について教科会や授業担当者
間で検討し、評価規準を作成する必要がある。
その際、学校や生徒の実態を捉え、「単元や各
授業のねらいは何か」、「各授業で育成すべき資

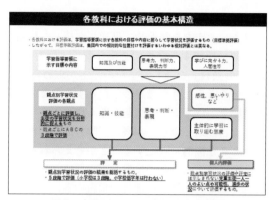

図5　各教科における評価の基本構造

質・能力は何か」、「単元の中で3観点の評価それぞれについて『記録に残す評価』をどこに位置付け
るか」、「『記録に残す評価』はどのような学習場面を設定し、どのような方法で学習評価を行うのか」
等を検討する必要がある。そして、さらに、実践後は授業改善に向けたカリキュラムマネジメント
（PDCA）につなげていく必要がある。

　高等学校理科における3観点の評価については、以下のようなことが考えられる。

(1)「知識・技能」の評価

　自然の事物・現象についての理解を深め、科学的に探究するために必要な観察、実験などに関す
る技能を身に付けているかを評価するものである。具体的な評価の方法としては、ペーパーテスト
において、事実的な知識の習得を問う問題と、知識の概念的な理解を問う問題とのバランスに配慮
する。その他、生徒が文章による説明をしたり、観察、実験したり、式やグラフで表現したりする
など、実際に獲得した知識や技能を活用する場面を設けるなど、多様な方法を適切に取り入れてい
くことが考えられる。

(2)「思考・判断・表現」の評価

　科学的に探究するために必要な思考力、判断力、表現力等を身に付けているかを評価するもので
ある。具体的な評価の方法としては、ペーパーテストのみならず、観察、実験等の論述やレポート
の作成、発表、グループでの話合いなどの工夫が考えられる。

(3)「主体的に学習に取り組む態度」の評価

　自然の事物・現象に主体的に関わり、科学的に探究しようとする態度を養うことができたかを評
価するものである。理科の評価の観点の趣旨に照らして、「① 知識及び技能、思考力、判断力、表
現力等を身に付けたりすることに向けた粘り強い取組を行おうとしている側面」、「② ①の粘り強
い取組を行うなかで、自らの学習を調整しようとする側面」という二つの側面で評価することが求め
られる。具体的な評価の方法としては、ノート、ワークシートやレポート等における記述、授業
中の発言、教師による行動観察や生徒による自己評価や相互評価等の状況を、教師が評価を行う際
に考慮する材料の一つとして用いることなどが考えられる。

　さらに「記録に残す評価」として、観察、実験等における思考のプロセスを記述させるような
ワークシート作成の工夫等を行い、生徒の学習状況把握や授業改善につなげることも考えられる。

このような取組は、まさに「指導と評価の一体化」の実現に向けての確実な第一歩となると考えられる。

　本書では、「何ができるか」への教育の質的転換の実現のためにも、生徒の資質・能力の育成や学習の成果を的確に捉えること、指導の改善を図ること、生徒が自らの学びを振り返って次の学びに向かうことができるような学習評価の在り方、これらが極めて重要なのであり、そのための具体例を示している。学習評価については「何のために、何を、どのようにして」という視点をもち、生徒主体の学び、教師の指導改善の双方の実現を目指したい。

7 学習指導要領「生物基礎」及び「生物」における改訂のポイント

⑴ 「○○○に関する資料に基づいて、□□□を見いだして理解する（表現する）」について

学習指導要領「生物基礎」及び「生物」には、「○○○に関する資料に基づいて、□□□を見いだして理解する（表現する）」という文言がある。

前半部分の「○○○に関する資料に基づいて、」の中の「資料」とは、生徒による観察・実験が困難な場合や過去の研究者等による研究データなどを活用する場合を想定している。物理や化学のように、試薬や実験器具を用いた実験はウェット（Wet）な実験と言えるであろう。一方で、生徒自身が1人1台端末で調べて収集したり、教師から与えられたデータをもとに考察したり推論したりするドライ（Dry）な実験も立派な実験であり、「探究」することができる。生物の学習内容の中には、ウェットな実験が容易な内容ばかりではないので、学習内容によってはドライな実験を実施していただきたい。

後半部分の「□□□を見いだして理解する（表現する）」とは、生徒自身が□□□という特徴や規則性や関係性に気付き、理解する（表現する）ことである。生徒が規則性や関係性に気付くためには、例えば、生徒が観察・実験から得られたデータや、自分で調べたり教師から与えられたりした資料から読み取れる具体的な情報を比較し、それらの共通点や相違点などを見いだすような学習活動などが想定される。その際、教師は答え（重要となる特徴や規則性や関係性など）を初めから説明するのではなく、生徒自身に気付かせたり、気付きから特徴や規則性や関係性を考察させたりすることが重要である。

⑵ 重要用語について

重要用語について、学習指導要領「生物基礎」の「内容の取扱い」に、以下のように規定された。

> エ この科目で扱う用語については、用語の意味を単純に数多く理解させることに指導の重点を置くのではなく、主要な概念を理解させるための指導において重要となる200語程度から250語程度までの重要用語を中心に、その用語に関わる概念を、思考力を発揮しながら理解させるよう指導すること。なお、重要用語には中学校で学習した用語も含まれるものとする。

これは、平成28年12月の中央教育審議会答申の中で、教材の整備・充実について、『「生物」などでは、教材で扱われる用語が膨大となっていることが指摘される中で、科目のねらいを実現するため、主要な概念につながる重要用語を中心に整理するとともに、「見方・考え方」を働かせて考察・構想させるために必要な教材とすることが求められる。』とされたことを受けて、「生物基礎」で扱う用語について示されたものである。高等学校の「生物」については、昔から「暗記科目である」と揶揄されることも多かったが、その理由の一つとして、教科書の中にある太字で示される用語が理科の他の科目と比べてもたいへん多いこと（約2,000の用語があるとの報告もある）が指摘されている。教科書における太字で示される用語は重要な用語であると認識されるため、ともすれば、教師は数多くの重要用語を教えようと知識伝達型の授業になりがちで、生徒はそれらについて暗記することが学習の目的となりがちである。大事なことは、事実的な知識の暗記ではなく、生物や生物現象における主要な知識の概念的な理解である。

この規定は、この課題を解決するためのものであるが、学習内容を削減することを意味するわけで

はない。生物や生物現象に関する基本的な概念や原理・法則を理解させるためには、用語の意味を単純に数多く学習させることではなく、主要な概念を理解させることに指導の重点を置くことが重要であることから規定したものである。このため、主要な概念を理解させるための指導において重要となる200語程度から250語程度までの重要用語を中心に、その用語に関わる概念を、生徒が思考力や判断力などを発揮しながら理解できるように指導することが必要である。

　「主要な概念を理解させるための指導において重要となる200語程度から250語程度までの重要用語」については、生徒の実態に応じて教科書等の教材を参考に各学校において取り扱うこととなるが、その他の用語に触れることを否定するものではない。

　なお、「生物基礎」の上位科目である「生物」においても同様の規定があり、「500語程度から600語程までの重要用語」となっている。また、この規定については、平成29年9月に日本学術会議から出された報告「高等学校の生物教育における重要用語の選定」を参考にしている。

本書の使い方―指導計画のページ（その１）

　本書は、生物基礎の全単元・全授業について、単元の構想と各時間の板書のイメージを中心とした本時案を紹介します。各単元の冒頭にある授業の指導計画ページの活用のポイントを示します。

単元名
　単元は、平成30年告示の学習指導要領に記載されている順序で示しています。実際に授業を行う際には、各学校の実態に応じて工夫してください。

単元で生徒が学ぶこと
　生徒に育成したい資質・能力の視点から、単元のねらいを示しています。

この単元で（生徒が）身に付ける資質・能力
　「知識及び技能」「思考力、判断力、表現力等」「学びに向かう力、人間性等」で身に付ける資質・能力をそれぞれ示しています。

単元を構想する視点
　教師がこの単元を構想するために重要なポイントを示しています。

第1編　生物の特徴
1章　生物の特徴（10時間）

１ 単元で生徒が学ぶこと
　生物の特徴についての観察、実験などを通して、生物の特徴及び遺伝子とその働きについて理解させるとともに、それらの観察、実験などに関する技能を身に付けさせ、思考力、判断力、表現力等を育成することが主なねらいである。

２ この単元で（生徒が）身に付ける資質・能力

知識及び技能	生物の特徴について、生物の共通性と多様性、生物とエネルギーを理解するとともに、それらの観察、実験などに関する技能を身に付けること。
思考力、判断力、表現力等	生物の特徴について、観察、実験などを通して探究し、多様な生物がもつ共通の特徴を見いだして表現すること。
学びに向かう力、人間性等	生物の特徴に主体的に関わり、科学的に探究しようとする態度と、生命を尊重し、自然環境の保全に寄与する態度を養う。

３ 単元を構想する視点
　この単元は、生物の特徴についての学習と生物とエネルギーについての学習の2部構成となっている。前半では、生物は多様でありながら共通性をもっていることに関連して進化の概念を導入し、生物に共通する基本的な特徴について理解させること、後半では、中学校で学習した呼吸や光合成に関する知識を活用しながら、酵素に関する実験などを行い、生命活動にエネルギーが必要であることを見いだして理解させることがねらいとなる。
　いずれの場合も、中学校までに学習した内容をベースにして、生物はDNAやATP、酵素といった細胞に含まれる物質の化学反応で生命活動が成り立っているということを、細胞の観察や酵素反応の実験など科学的な探究活動を通して、生徒の実感を伴った理解として習得させることが重要である。
　本単元の指導計画では、観察や実験を通して、生徒が自ら手を動かしながら生物の多様性と共通性を見いだしていくことを重視して構成している。細胞の詳細な構造や、代謝の過程、酵素・タンパク質に関するより深い理解につなげていくことについては、本単元の学びを生かしつつ、「生物基礎」以降の「生物」における単元の指導計画に盛り込むことを検討するなどの工夫も考えらえる。

2　第1編　生物の特徴

4 本単元における生徒の概念の構成のイメージ図

生物の共通性と多様性	・地球上の生物は、進化の過程で共通性を保ちながら多様化してきたんだね。 ・すべての生物には細胞があって、遺伝物質として DNA をもっているんだね。 ・生物は細胞の構造によって、真核生物と原核生物に分けられるんだね。
生物とエネルギー	・すべての生物は、生命活動にエネルギーが必要なんだね。 ・光合成や呼吸で光エネルギーや有機物のエネルギーを利用して ATP をつくって、ATP のエネルギーを生命活動に使っているんだね。 ・細胞の中では、酵素があらゆる化学反応を起こしているんだね。

本単元における生徒の概念の構成のイメージ図
　本単元における生徒の概念の構成を視覚的に示しています。

5 本単元を学ぶ際に、生徒が抱きやすい困り感

生物基礎って、そもそも一体何のために勉強するの？

ミトコンドリア？ ATP ？酵素？基質？…何のこと？

顕微鏡ってどうやって使うんだっけ？プレパラートって何？

生物って、結局たくさんの用語を覚えればそれでいいのかな？

6 本単元を指導するにあたり、抱えやすい困難や課題

細胞の構造など、新しい用語を教えるだけで精一杯になってしまいます。

探究の方法が、いつまでたっても生徒に身に付けさせることができません。

本単元を進める際に、生徒・教師それぞれが抱えやすい困難さ
　生徒と教師それぞれの立場から示しています。

実験をしなくても、問題が解けるように内容を教え込めば十分じゃないかしら。

顕微鏡観察、DNA抽出の実験、酵素の実験といわれても、実験の時間をとることができません。

本書の使い方—指導計画のページ（その2）

　本書は、生物基礎の全単元・全授業について、単元の構想と各時間の板書のイメージを中心とした本時案を紹介します。各単元の冒頭にある授業の指導計画ページの活用のポイントを示します。

単元の指導イメージ
　この単元を構想する際、ポイントとなる考え方の例を示しています。

指導計画
　授業の目標・学習活動や評価規準、留意点などを押さえて、授業をどのように展開していくのか、単元の全体像の例を示しています。

7 単元の指導と評価の計画

単元の指導イメージ

中学校で学んだことをもとに、生物の特徴を考えてみよう。

顕微鏡の使い方を思い出そう！プレパラートって何だっけ？

どの生物も、細胞やDNAをもっていて、エネルギーを使っている…

生物は、生体内でのエネルギー通貨としてATPを使っています。

光合成でも呼吸でも、エネルギーのやりとりにはATPが関係していたんだね。

酵素の働きを調べるには、実験をどう工夫するとよいのかな？

|	生物の特徴（全10時間）	
時間	単元の構成	
1	生物の多様性	
2	顕微鏡とミクロメーターの使い方	
3	さまざまな生物の細胞の観察 探究活動① 細胞の観察	
4	生物の共通性 探究活動② DNAの抽出	
5	細胞の特徴	
6	生命活動とATP	
7	呼吸と光合成	
8	酵素の働き1 探究活動③-1 酵素の働き	
9	酵素の働き2 探究活動③-2 酵素の働き	
10	単元の振り返り	

4　第1編　生物の特徴

本時の目標・学習活動	重点	記録	備考（★教師の留意点、○生徒のB規準）
脊椎動物の特徴を比較して系統樹を描くことで、多様な生物は共通の祖先から進化してきたことを理解する。	知		★中学校で学んだ動物の体のつくりや脊椎動物の五つの仲間の特徴を思い出させ、生物の多様性を理解させる。
細胞の観察に必要な技能として、顕微鏡の使い方と、ミクロメーターの原理と使い方の技能を身に付ける。	知		○顕微鏡とミクロメーターを正しく扱い、観察対象の大きさを測ることができる。（記述分析）
さまざまな生物の細胞の観察結果から、生物の共通性と細胞の多様性を見いだして表現する。	思	○	○生物は細胞からできていることと、細胞にも多様性があることを見いだして、表現している。（記述分析）
異なる種の生物からDNAを抽出することで、生物にはDNAをもつという共通性があることを見いだす。	思		★2種類以上の生物からDNAを抽出する際には、グループごとに異なる試料を使うなど工夫する。
細胞の構造には共通性と多様性があることを理解する。	知		★細胞の観察でのスケッチや生徒の考察をもとに、電子顕微鏡写真の資料なども活用して構造の違いに気付かせる。
生命活動にはATPのエネルギーが必要であることを理解する。	知		★エネルギーについての知識を確認しつつ、資料などから植物や動物のエネルギー利用について理解させる。
呼吸や光合成ではどちらも酵素によってATPが合成されてエネルギーが利用されることを理解する。	知		★中学校で学んだ光合成や呼吸に関する知識を活用してつなげながら、ATPと代謝との関わりを理解させる。
酵素の特徴を調べるための実験の計画を立て、実験する。	思		★実験方法の詳細な部分は生徒に考えさせるなどの工夫をして、生徒各自に試行錯誤させる。
酵素反応の実験結果から、酵素の基本的な特徴を見いだして表現する。	思	○	○酵素反応の実験の結果から、酵素の基本的な特徴を見いだして表現している。（記述分析）
単元を振り返って、生物の特徴についてまとめるとともに、新たな課題に対して主体的に取り組む。	態	○	○生物の特徴をまとめ、新たな課題に対して、主体的に取り組もうとしている。（記述分析）

1編 1章
生物の特徴

重点、記録、備考

　本時の目標・学習活動に対応する評価を右隣りの欄に示しています。記録に残すための評価は「○」で示しています。

　備考欄の「★」は、教師の留意点を示し、「○」は、「生徒のB規準」の具体例を示しています。

第1章　生物の特徴　5

本書の使い方――本時案のページ

　単元の各時間の授業案を、板書案を示しながら、目標や評価、授業の流れを合わせて、見開きで構成しています。各単元の本事案の活用の仕方を紹介します。

本時の目標、身に付ける資質・能力、評価規準

　左のタグは、本時の評価の観点（「知・技」「思・判・表」「主体的」）を示しています。
●本時の目標を具体的に示しています。
●生徒が本時で身に付ける資質・能力（「知識及び技能」、「思考力、判断力、表現力等」、「学びに向かう力、人間性等」）を示します。
●本時の授業構想を教師の視点で示しています。
●本時の評価規準のB規準の例を生徒の姿で示しています。

授業の流れ

　ここでは、生徒の視点で、1時間の授業がどのように展開されるのか四つのコマに分けて示しています。時間配分の目安、学びに必要なポイントを、教師と生徒の会話で表現しています。

中学校からのつながり

　学習内容の系統性に留意できるよう示しています。

ポイント

　教師が授業を行う上で、重視したい点を示しています。上記の4コマの授業の流れとリンクしています。

1章　生物の特徴　④時　生物の共通性（探究活動②）

知・技
思・判・表
主体的

●本時の目標：　異なる種の生物からDNAを抽出することで、生物にはDNAをもつという共通性があることを見いだす。
●本時で育成を目指す資質・能力：　思考力、判断力、表現力等
●本時の授業構想
　タマネギ鱗片葉、ヒト口腔上皮、ヨーグルト上澄みからDNAを抽出し、生物はDNAをもっているという共通性を見いださせる。併せて、生物と非生物の違いから、細胞からできていること、DNAをもつことの他にも、生物が共通してもっているさまざまな特徴について考えさせる。
●本時の評価規準（B規準）
　DNAを抽出し、生物に共通する特徴を見いだしている。

・本時の課題
地球上のすべての生物に共通する特徴とは何だろうか。

①導入 【課題の把握】　　　　　　　　　　（5分）
前時に観察した細胞はさまざまな姿や形をしていたが、どの生物の細胞もDNAをもっているのか考える。

> 前時は、ヒト、タマネギ、乳酸菌などの細胞を観察しました。形がだいぶ違いましたが、細胞に共通性はあるのでしょうか？

> 細胞にはDNAが含まれていると中学校で習いました。

> どの細胞からもDNAを取り出せるのでしょうか？

②展開1 【課題の探究1】　　　　　　　　（25分）
ヒト口腔上皮、タマネギ鱗片葉、乳酸菌など異なる生物から、DNAを抽出する実験を行う。

> ヒト、タマネギ、乳酸菌から、それぞれDNAを抽出してみましょう。まずは試料をすりつぶしたり集めたりします。

> 私は乳酸菌でやってみよう。本当にDNAはあるのかな？

> 私はヒト口腔上皮で抽出をしてみるね。

中学校からのつながり
　遺伝子の本体は核に含まれるDNAであること、生物は光合成や呼吸を行って生命活動のエネルギーを得ていることを学んでいる。

ポイント
①導入　中学校で学んだことをもとに、細胞に共通して含まれていそうなDNAに着目させる。前時に観察した生物について、どれからもDNAを取り出すことができるか考えさせる。
②展開1　各グループで、複数の生物からDNA抽出を行う。DNA抽出のしやすさは試料によって異なるので、必ずしも前時に観察した生物でなくてもよいが、動物や植物など異なる生物で2種

類以上は扱いたい。ヒト口腔上皮を含んだ液や、タマネギ鱗片葉のすりおろしで抽出できる。乳酸菌は、ヨーグルト乳清にタンパク質分解酵素を含むコンタクトレンズ洗浄液を数滴たらして食塩を直接加えて攪拌すると、意外と抽出することができる。植物の場合は細胞壁を壊す必要があるので、乳鉢ですりつぶして、同量のDNA抽出液（例えば、台所用洗剤と食塩を水に溶かしたもの）を加える。すりつぶした液体の粘度が高いネギやニラ、ブロッコリーはDNAが抽出しやすい。冷凍野菜を使用しても抽出できる。
③展開2　試料とDNA抽出液を混ぜた液体を試験管やビーカーに入れ、冷凍庫で冷やしておいた

14　第1編　生物の特徴

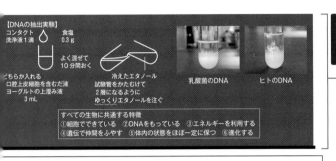

【DNAの抽出実験】
コンタクト
洗浄液1滴　　食塩
　　　　　　0.3 g

よく混ぜて
10分間おく

ちらか入れる
口腔上皮細胞を含むだ液
ヨーグルトの上澄み液
　3 mL

冷えたエタノール
試験管をかたむけて
2層になるように
ゆっくりエタノールを注ぐ

乳酸菌のDNA　　ヒトのDNA

すべての生物に共通する特徴
①細胞でできている　②DNAをもっている　③エネルギーを利用する
④遺伝で仲間をふやす　⑤体内の状態をほぼ一定に保つ　⑥進化する

本時の板書例
　生徒の主体的な学びを引き出すため、本時の学習課題と重要ポイントを板書で、視覚的に把握できるように示しています。

③展開2 【課題の探究2】　　　　（10分）
どの生物の細胞からも、DNA抽出ができたことを
確認する。

乳酸菌も、少し見え方が
違うけど、この白いモヤ
モヤにDNAが入ってい
るんだね。

ヒトとタマネギはたくさ
んDNAが出てきたね。

細胞の姿がそれぞれ違うので、細胞を壊す方
法が少し異なりましたが、どれもエタノール
を最後に注ぐとDNAが浮かび上がってきま
したね。

④まとめ 【課題の解決】　　　　（10分）
地球上のすべての生物に共通する特徴を、生物と非
生物で比較しながら話し合って考える。

生物は細胞でできていて、DNAをもつこと
が分かりました。他に共通する特徴は何で
しょうか？

生物と、生物でないロボットで考えてみよう。
どちらも動いて、エネルギーを利用するね。

でもロボットは、子や卵を産まないよね。遺
伝の仕組みをもっていて仲間をふやすのも生
物に共通する特徴だね。

エタノールを2層になるようにゆっくりと注ぎ、
DNAが析出してくる様子を観察する。エタノー
ル中にDNAが固体となって浮かび上がってくる
が、この技法を「エタノール沈殿」と呼ぶ。なお、
浮かび上がってくる固体には、DNAだけでなく
タンパク質やRNAもかなり含まれている。
④まとめ　実験結果から、細胞やDNAをもつと
いう生物の共通性を見いだすことができる。ここ
でさらに、ヒトとヒト型ロボットや、カビとほこ
りなど、生物と非生物を例にして、すべての生物
に共通した特徴は何かについて話し合わせ、最後
にまとめさせる。

本時の評価（指導に生かす場合）
　単元テストや定期考査等を活用して、すべての
生物に共通する特徴について見いだしているか確
認することが考えられる。
授業の工夫
　DNA抽出は映像などで見せることもできるが、
手軽な実験なので実施したい。生物の細胞には
DNAが含まれているということを、実験を通し
て実感させたい。

本時の評価
　本時の評価は、
「生徒全員の記録を残す場合」と、
「指導に生かす場合」の二つを例示
しています。

授業の工夫
　教師が授業を展開する上での工
夫を示しています。

第1章　生物の特徴　15

目 次

授業で使える資料のダウンロードご案内 ……………………………………………… ii

はじめに ………………………………………………………………………………… iii

高校理科の目的とは ………………………………………………………………… v

本書の使い方 ………………………………………………………………………… xiv

第 1 編　生物の特徴 ……………………………………………………………… 1

第 1 章　生物の特徴　10 時間 ………………………………………………… 2

　　　　単元と指導の計画 ………………………………………………………… 2

　1 時　生物の多様性 ……………………………………………………………… 6

　2 時　顕微鏡とミクロメーターの使い方 …………………………………… 8

　3 時　さまざまな生物の細胞の観察 ………………………………………… 10

　4 時　生物の共通性 ……………………………………………………………… 14

　5 時　細胞の特徴 ………………………………………………………………… 16

　6 時　生命活動と ATP ………………………………………………………… 18

　7 時　呼吸と光合成 ……………………………………………………………… 20

　8 時　酵素の働き 1 …………………………………………………………… 22

　9 時　酵素の働き 2 …………………………………………………………… 24

　10 時　単元の振り返り ………………………………………………………… 26

第 2 章　遺伝子とその働き　8 時間 ………………………………………… 28

　　　　単元と指導の計画 ……………………………………………………… 28

　1 時　生物と遺伝子 ……………………………………………………………… 32

　2 時　DNA の構造 ……………………………………………………………… 34

　3 時　遺伝情報の複製と分配 1 ……………………………………………… 36

　4 時　遺伝情報の複製と分配 2 ……………………………………………… 38

　5 時　体細胞分裂の観察 ……………………………………………………… 40

　6 時　遺伝情報の発現 1 ……………………………………………………… 42

　　7 時　遺伝情報の発現 2 ……………………………………………… 44

　　8 時　細胞の分化 …………………………………………………………… 48

　執筆者からのエール① ……………………………………………………… 50

　執筆者からのエール② ……………………………………………………… 51

第 2 編　ヒトの体の調節 ……………………………………………………… 53

第 1 章　神経系と内分泌系による調節　11 時間 …………………………… 54

　　　　単元と指導の計画 ………………………………………………………… 54

　　1 時　踏み台昇降運動実験 1 ……………………………………………… 58

　2・3 時　踏み台昇降運動実験 2 …………………………………………… 60

　　4 時　自律神経系の働き ………………………………………………… 62

　　5 時　内分泌系の働き …………………………………………………… 64

　　6 時　自律神経系と内分泌系の働き …………………………………… 68

　　7 時　学習の振り返り 1 ………………………………………………… 70

　　8 時　血糖濃度とホルモンの作用 …………………………………… 72

　　9 時　血糖濃度の調節 …………………………………………………… 74

　10 時　血糖濃度の調節と糖尿病 ……………………………………… 76

　11 時　学習の振り返り 2 ………………………………………………… 78

第 2 章　免　疫　7 時間 ……………………………………………………… 82

　　　　単元と指導の計画 ………………………………………………………… 82

　　1 時　免疫の仕組み ……………………………………………………… 86

　　2 時　自然免疫 …………………………………………………………… 88

　　3 時　適応免疫 1 ………………………………………………………… 90

　　4 時　適応免疫 2 ………………………………………………………… 92

　　5 時　免疫記憶・予防接種 …………………………………………… 94

　　6 時　免疫と疾患 ………………………………………………………… 98

　　7 時　学習の振り返り ………………………………………………… 100

　執筆者からのエール③ …………………………………………………… 102

　執筆者からのエール④ …………………………………………………… 103

第 3 編　生物の多様性と生態系 ・・ 105

第 1 章　植生と遷移　7 時間 ・・ 106

　　　　　単元と指導の計画 ・・ 106

　1 時　身近な植物と環境 1 ・・・ 110

　2 時　身近な植物と環境 2 ・・・ 112

　3 時　バイオーム ・・・ 114

　4 時　光と植物 1 ・・・ 116

　5 時　光と植物 2 ・・・ 118

　6 時　遷　移 ・・・ 120

　7 時　単元の振り返り ・・ 122

第 2 章　生態系とその保全　14 時間 ・・・・・・・・・・・・・・・・・・・・・・・・・・・・・・・・・・・・・ 126

　　　　　単元と指導の計画 ・・ 126

　1 時　土壌動物の採集調査 ・・ 130

　2 時　生態系における生物の役割 ・・・・・・・・・・・・・・・・・・・・・・・・・・・・・・・・・・・・・ 132

　3 時　種多様性と食物連鎖 ・・ 134

　4 時　生態系のつながりと生態ピラミッド ・・・・・・・・・・・・・・・・・・・・・・・・・・・ 136

　5 時　キーストーン種と絶滅 ・・ 138

　6 時　生態系のバランス ・・ 140

　7 時　人為的攪乱と生態系のバランス ・・・・・・・・・・・・・・・・・・・・・・・・・・・・・・・ 142

　8 時　生物多様性と生態系の保全 ・・・・・・・・・・・・・・・・・・・・・・・・・・・・・・・・・・・・・ 144

　9 時　人間活動と生態系 ・・ 146

　10 時　ゲンジボタルの移植 1 ・・・ 148

　11 時　ゲンジボタルの移植 2 ・・・ 150

　12・13 時　ゲンジボタルの移植 3 ・・・・・・・・・・・・・・・・・・・・・・・・・・・・・・・・・・・ 152

　14 時　ゲンジボタルの移植 4 ・・・ 154

　執筆者からのエール⑤ ・・・ 158

　執筆者からのエール⑥ ・・・ 159

参考文献 ……………………………………………………………… 161

索　引 ……………………………………………………………… 163

著者一覧 ……………………………………………………………… 166

編著者一覧／奥付 …………………………………………………… 167

コラム目次
COLUMN

山口　晃弘　「日常の授業に探究を持ち込もう」………………… xxiv

藤本　義博　科学的な探究活動を創意工夫して科学的に探究する力を
　　　　　　育成しましょう ………………………………………… 52

野内　頼一　どんな子どもたちを育てたいですか ……………… 104

後藤　顕一　生物教育への期待 …………………………………… 160

日常の授業に探究を持ち込もう

山口　晃弘
（東京農業大学 教職・学術情報課程 教授）

「探究的な学習」はこれからの授業改善の重要なキーワードです。平成30年に告示された高等学校の学習指導要領で、「理数探究基礎」及び「理数探究」の2科目で編成されている教科「理数科」が新設されたことからも明らかです。

ただし「理数探究」だけに、任せておけばよいというものではありません。従来の「生物基礎」や「生物」などの科目でも、探究的な学習活動の充実は求められています。理科の学習指導要領を読み解くと、

> ・第1章の目標で「科学的に探究」の語句が、注書部分で1回、資質能力の三つの項目でそれぞれ1回、計4回も使われている。
> ・第3章1（1）で「（略）数学や理科などに関する事象や課題に向き合い、（略）探究する学習活動の充実を図ること。」と示されている。

と示されています。

しかし、残念ながら、学校によっては、探究的な学びのある授業の実践が日常的になっていない現状があります。現場の先生方の話に耳を傾けてみると「基礎的な内容を指導するだけで精一杯で、授業時間が足りない」という素朴な声が上がります。そればかりか「探究では入試での得点につながらない」「系統的な知識や技能が身に付いていない本校の生徒には、探究をさせる余裕はない」などというネガティブな声さえ聞こえてきます。

学習指導要領の解説には「資質・能力を育む

ために重視すべき学習過程のイメージ」が図示されています。図のとおりに、毎時間、探究的に授業を進めると時間が足りなくなってしまいます。また、八つに分けて示された学習過程すべてを学習のまとまりとして位置付けるのは、これまでにある指導計画の大きな変更が求められ、経験がある教師でも簡単ではありません。

そこで、発想を転換させます。

> ・八つの学習過程を、段階的・固定的でまとまったものとは考えない。
> ・問題の内容や性質、あるいは生徒のそれまでの学びの質を優先する。
> ・ある部分を重点的に扱ったり、適宜省略したりするといった工夫をする。

一つの学習のまとまりで八つの学習過程のうちの一つ（せいぜい二つ）を扱うのであれば、比較的やりやすいのです。レストランのメニューに例えると「フルコース」ではなく「アラカルト」で、ということになります。実際の授業では、教材や生徒の実態に応じた「アラカルト」として探究の過程の一部を重点化し、それをうまく組み合わせて探究的な学習の充実を図ります。すなわち、八つの学習過程をその順序にとらわれず、指導計画に位置付ける。その際、八つの学習過程が1年間に少なくとも一度は行われるよう留意するとよいのです。

まずは、毎時間の授業の最初の場面で、その時間の目標を板書し、それが、探究の過程のどこに位置付いているのか、生徒に意識させるところから始めたいものです。

第 **1** 編

生物の特徴

第1章　生物の特徴

第2章　遺伝子とその働き

第1編 生物の特徴
1章 生物の特徴（10時間）

1 単元で生徒が学ぶこと

　生物の特徴についての観察、実験などを通して、生物の特徴及び遺伝子とその働きについて理解させるとともに、それらの観察、実験などに関する技能を身に付けさせ、思考力、判断力、表現力等を育成することが主なねらいである。

2 この単元で（生徒が）身に付ける資質・能力

知識及び技能	生物の特徴について、生物の共通性と多様性、生物とエネルギーを理解するとともに、それらの観察、実験などに関する技能を身に付けること。
思考力、判断力、表現力等	生物の特徴について、観察、実験などを通して探究し、多様な生物がもつ共通の特徴を見いだして表現すること。
学びに向かう力、人間性等	生物の特徴に主体的に関わり、科学的に探究しようとする態度と、生命を尊重し、自然環境の保全に寄与する態度を養う。

3 単元を構想する視点

　この単元は、生物の特徴についての学習と生物とエネルギーについての学習の2部構成となっている。前半では、生物は多様でありながら共通性をもっていることに関連して進化の概念を導入し、生物に共通する基本的な特徴について理解させること、後半では、中学校で学習した呼吸や光合成に関する知識を活用しながら、酵素に関する実験などを行い、生命活動にエネルギーが必要であることを見いだして理解させることがねらいとなる。

　いずれの場合も、中学校までに学習した内容をベースにして、生物はDNAやATP、酵素といった細胞に含まれる物質の化学反応で生命活動が成り立っているということを、細胞の観察や酵素反応の実験など科学的な探究活動を通して、生徒の実感を伴った理解として習得させることが重要である。

　本単元の指導計画では、観察や実験を通して、生徒が自ら手を動かしながら生物の多様性と共通性を見いだしていくことを重視して構成している。細胞の詳細な構造や、代謝の過程、酵素・タンパク質に関するより深い理解につなげていくことについては、本単元の学びを生かしつつ、「生物基礎」以降の「生物」における単元の指導計画に盛り込むことを検討するなどの工夫も考えらえる。

4 本単元における生徒の概念の構成のイメージ図

生物の共通性と多様性	・地球上の生物は、進化の過程で共通性を保ちながら多様化してきたんだね。 ・すべての生物には細胞があって、遺伝物質として DNA をもっているんだね。 ・生物は細胞の構造によって、真核生物と原核生物に分けられるんだね。
生物とエネルギー	・すべての生物は、生命活動にエネルギーが必要なんだね。 ・光合成や呼吸で光エネルギーや有機物のエネルギーを利用して ATP をつくって、ATP のエネルギーを生命活動に使っているんだね。 ・細胞の中では、酵素があらゆる化学反応を起こしているんだね。

5 本単元を学ぶ際に、生徒が抱きやすい困り感

生物基礎って、そもそも一体何のために勉強するの？

ミトコンドリア？ ATP？酵素？基質？… 何のこと？

顕微鏡ってどうやって使うんだっけ？プレパラートって何？

生物って、結局たくさんの用語を覚えればそれでいいのかな？

6 本単元を指導するにあたり、抱えやすい困難や課題

細胞の構造など、新しい用語を教えるだけで精一杯になってしまいます。

探究の方法が、いつまでたっても生徒に身に付けさせることができません。

光合成

$$6CO_2 + 12H_2O \rightarrow C_6H_{12}O_6 + 6O_2 + 6H_2O$$

実験をしなくても、問題が解けるように内容を教え込めば十分じゃないかしら。

顕微鏡観察、DNA抽出の実験、酵素の実験といわれても、実験の時間をとることができません。

7 単元の指導と評価の計画

単元の指導イメージ

中学校で学んだことをもとに、生物の特徴を考えてみよう。

顕微鏡の使い方を思い出そう！プレパラートって何だっけ？

どの生物も、細胞やDNAをもっていて、エネルギーを使っている…

生物は、生体内でのエネルギー通貨としてATPを使っています。

光合成でも呼吸でも、エネルギーのやりとりにはATPが関係していたんだね。

酵素の働きを調べるには、実験をどう工夫するとよいのかな？

生物の特徴（全10時間）

時間	単元の構成
1	生物の多様性
2	顕微鏡とミクロメーターの使い方
3	さまざまな生物の細胞の観察 　　探究活動① 　細胞の観察
4	生物の共通性 　　探究活動② 　DNA の抽出
5	細胞の特徴
6	生命活動と ATP
7	呼吸と光合成
8	酵素の働き 1 　　探究活動③ -1 　酵素の働き
9	酵素の働き 2 　　探究活動③ -2 　酵素の働き
10	単元の振り返り

本時の目標・学習活動	重点	記録	備考（★教師の留意点、〇生徒のB規準）
脊椎動物の特徴を比較して系統樹を描くことで、多様な生物は共通の祖先から進化してきたことを理解する。	知		★中学校で学んだ動物の体のつくりや脊椎動物の五つの仲間の特徴を思い出させ、生物の多様性を理解させる。
細胞の観察に必要な技能として、顕微鏡の使い方と、ミクロメーターの原理と使い方の技能を身に付ける。	知	〇	〇顕微鏡とミクロメーターを正しく扱い、観察対象の大きさを測ることができる。（記述分析）
さまざまな生物の細胞の観察結果から、生物の共通性と細胞の多様性を見いだして表現する。	思	〇	〇生物は細胞からできていることと、細胞にも多様性があることを見いだして、表現している。（記述分析）
異なる種の生物からDNAを抽出することで、生物にはDNAをもつという共通性があることを見いだす。	思		★2種類以上の生物からDNAを抽出する際には、グループごとに異なる試料を使うなど工夫する。
細胞の構造には共通性と多様性があることを理解する。	知		★細胞の観察でのスケッチや生徒の考察をもとに、電子顕微鏡写真の資料なども活用して構造の違いに気付かせる。
生命活動にはATPのエネルギーが必要であることを理解する。	知		★エネルギーについての知識を確認しつつ、資料などから植物や動物のエネルギー利用について理解させる。
呼吸や光合成ではどちらも酵素によってATPが合成されてエネルギーが利用されることを理解する。	知		★中学校で学んだ光合成や呼吸に関する知識を活用してつなげながら、ATPと代謝との関わりを理解させる。
酵素の特徴を調べるための実験の計画を立て、実験する。	思		★実験方法の詳細な部分は生徒に考えさせるなどの工夫をして、生徒各自に試行錯誤させる。
酵素反応の実験結果から、酵素の基本的な特徴を見いだして表現する。	思	〇	〇酵素反応の実験の結果から、酵素の基本的な特徴を見いだして表現している。（記述分析）
単元を振り返って、生物の特徴についてまとめるとともに、新たな課題に対して主体的に取り組む。	態	〇	〇生物の特徴をまとめ、新たな課題に対して、主体的に取り組もうとしている。（記述分析）

1章　生物の特徴　①時　生物の多様性

知・技

思・判・表

主体的

●本時の目標：　多様な生物は共通の祖先から進化してきたことを理解する。
●本時で育成を目指す資質・能力：　知識及び技能
●本時の授業構想
　多様な生物は、共通の祖先が少しずつ変化して進化した結果生じたために、生物には共通性と多様性があることを理解させる。脊椎動物の体の特徴について、共通性を表にまとめ、それぞれの特徴が系統樹のどの位置で獲得されたのかをグループで話し合って考察する。また、相同器官の共通性と多様性から進化してきたことを見いだして理解させる。
●本時の評価規準（B規準）
　多様な生物は、共通の祖先がもつ特徴を受け継ぎながら進化してきたことを理解している。

・本時の課題

多様な生物にはなぜ共通性が見られるのだろうか。

---

①導入【課題の把握】　　　　　（10分）

地球上には何種ぐらい生物がいるか考えてみる。脊椎動物の五つの仲間にはどんな特徴があったか思い出す。

> 脊椎動物の五つの仲間には、どんな体の特徴があったでしょうか？
> 中学校で学んだことを思い出してみましょう。

> 魚類、両生類、爬虫類、鳥類、哺乳類がいるね。卵を産むか、子を産むかっていう特徴の違いがあったね。

> 呼吸の仕方も、えら呼吸か、肺呼吸かとかで分けられます。

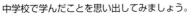

②展開1【課題の探究1】　　　　（15分）

中学校で学習した内容をもとに、脊椎動物の体の特徴の共通性についてグループで話し合いながら表をまとめる。

> 脊椎動物の体の特徴をまとめた表を埋めてみましょう。

> 四肢をもつのは、魚類以外だね。

> 母乳で子を育てるのは、哺乳類だけだね。

中学校からのつながり

　脊椎動物には五つの仲間があり、それぞれ体の特徴に違いが見られること、また多様な生物は進化によって生じてきたこと、腕の骨のつくりなど多様であるが起源が同じために共通性が見られる体のつくりを相同器官と呼ぶことを学習している。

ポイント

①導入　導入として、地球上には多様な生物が生息していることを想起させる。生物は何種類いるのか、クイズにして手を挙げさせてもよい。
②展開1　脊椎動物の五つの仲間を確認し、これらの動物の特徴を挙げさせる。主な特徴として、四肢をもつ、えらや肺をもつ、うろこや羽毛・体

毛をもつ、卵か子を産む、母乳で子を育てるといったものがある。ここで本時の課題を提示し、なぜ多様な生物がいるのか、また多様な生物になぜ共通性が見られるのか発問する。魚類、両生類、爬虫類、鳥類、哺乳類がそれぞれどのような特徴をもっていたか、ワークシートの一覧表に○や×を付けるなどして、まとめさせる。さまざまな脊椎動物の写真や映像などの資料を見せてもよい。
③展開2　進化の道筋を枝のように表したものを「系統樹」ということを提示し、脊椎動物の五つの仲間の系統樹を示す。作成した一覧表を確認しながら、脊椎動物のさまざまな体の特徴が系統樹上のどこで現れたのかについて、グループで考え

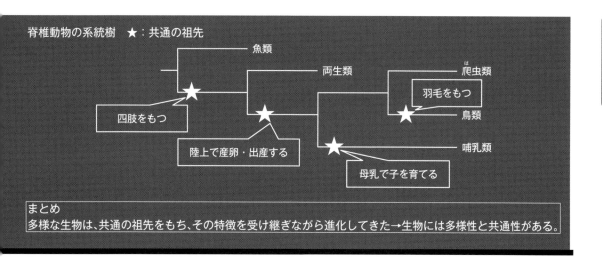

脊椎動物の系統樹　★：共通の祖先

- 魚類
- 両生類
- 爬虫類
- 羽毛をもつ
- 鳥類
- 哺乳類

四肢をもつ

陸上で産卵・出産する

母乳で子を育てる

まとめ
多様な生物は、共通の祖先をもち、その特徴を受け継ぎながら進化してきた→生物には多様性と共通性がある。

---

③展開2【課題の探究2】　　　　（15分）
脊椎動物の系統樹上で、それぞれの体の特徴がいつ現れたのかを考える。

生物の進化してきた道筋を枝のように表したものを系統樹といいます。さまざまな体の特徴は系統樹のどこで現れたのか考えてみましょう。

四肢は、系統樹のどこで現れたのかな？

「卵や子を産む」は、「陸上で卵や子を産む」にしよう。

---

④まとめ【課題の解決】　　　　（10分）
多様な生物は、共通の祖先をもつため、基本的な特徴が共通していることを理解する。

爬虫類、鳥類、哺乳類には共通の祖先がいて、その祖先が陸上で卵を産むという特徴をもったんですね。

四肢はいろいろな形をしていますが、相同器官なので骨のつくりが共通しています。

生物は多様だけど共通性があるのは、共通の祖先から進化してきたからなんですね。

させる。ここでは、「四肢の獲得」、「陸上で産卵・出産する」、「羽毛をもつ」、「母乳で子を育てる」といった特徴にとどめる。各グループで考えたことをそれぞれ発表させる。
④まとめ　生物は多様でありながら共通性をもつ理由について、共通の祖先がもつ特徴を受け継ぎながら多様な種に進化してきたということをまとめる。その証拠として、前肢の形はさまざまだが骨の構造が共通している相同器官を提示する。

本時の評価（指導に生かす場合）
　単元まとめや定期考査等の機会を活用して、系統樹や共通祖先をもつことによる起源の共有について理解しているか確認する。

授業の工夫
　特徴の共通性から、系統樹を生徒に描かせることもできる。その場合は、提示する体の特徴をうまく系統樹が描けるものに絞るとよい。また、考察させる際に動物を具体的な種にしたり、恐竜を加えたりしてもよい。

1章　生物の特徴 ②時　顕微鏡とミクロメーターの使い方

・本時の課題

顕微鏡とミクロメーターを使えるようになろう。

知・技
思・判・表
主体的

●本時の目標：　細胞の観察に必要な技能を身に付ける。

●本時で育成を目指す資質・能力：　知識及び技能

●本時の授業構想

　生物の共通性と多様性を見いだすために、次時にさまざまな生物の細胞を顕微鏡で観察させる。本時は、まず顕微鏡の使い方を復習させてから、ミクロメーターの原理を理解し、接眼ミクロメーターと対物ミクロメーターを実際に顕微鏡に装着してピントを合わせたり目盛の長さを計算したりしながらミクロメーターの使い方を身に付けさせる。

●本時の評価規準（B規準）

　顕微鏡とミクロメーターを正しく扱い、観察対象の大きさを測ることができる。

---

①導入【課題の把握】　　　　　（5分）

顕微鏡の各部の名称や正しい使い方を思い出す。

> 次回は細胞の観察を行います。観察に向けて、顕微鏡の使い方を思い出しましょう。二人で1台、顕微鏡を出して、各部の名称を確認してください。

> 顕微鏡の使い方、すっかり忘れちゃった。このパーツは何ていうんだっけ？

> 大丈夫！一緒に確認していこう。これは接眼レンズ、こっちは対物レンズだよ。教科書にも載ってるよ。

②展開1【課題の探究1】　　　（15分）

ミクロメーターの原理と使い方について教科書やワークシートを用いながら理解する。

> ミクロメーターには2種類あります。まずは使い方について、教科書を見ながら確認しましょう。

> 接眼ミクロメーターは接眼レンズを分解してその中に入れるって。

> 対物ミクロメーターの目盛は常に1目盛り10 µmで同じなんだね。

中学校からのつながり

　光学顕微鏡の使い方は小学校と中学校で一通り習っている。ミクロメーターは高校で初めて扱う。

ポイント

①導入　顕微鏡操作にあまり慣れていない生徒がいることも考慮して、基本的な扱い方を押さえながら、実験室での顕微鏡保管や扱い方のルールを徹底させる。次時の細胞の観察をスムーズにできるよう、顕微鏡の使い方を復習させる。保管庫から運ぶ際には水平に運ぶことや、精密機器なので丁寧に扱うことを念押しする。

②展開1　「ミクロメーター」という、細胞のサイズを測ることができる新たな道具を紹介する。

1000分の1mmが1µm（マイクロメートル）という単位で表されることを提示し、教科書の資料などを活用して使い方を一通り理解させる。特に、接眼ミクロメーターのもち方は、指紋の付着を防ぐため表面を触らないようにもつことと、顕微鏡の接眼レンズを分解してその中に入れることについて、あらかじめ理解させる（初めに注意しておかないと、生徒は顕微鏡の鏡筒の中に接眼ミクロメーターを入れてしまうことがよくある）。

③展開2　各グループに接眼ミクロメーターと対物ミクロメーターを配り、顕微鏡に装着させて、対物ミクロメーターの目盛にピントを合わせるよう指示する。顕微鏡は、低倍率でピントが合って

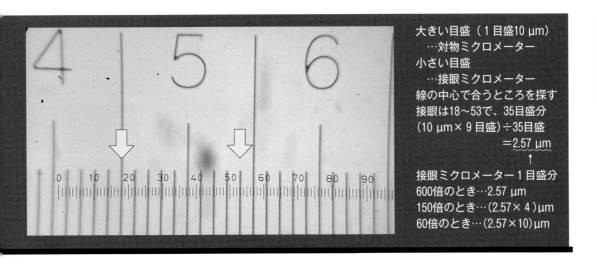

大きい目盛（1目盛10 μm）
　…対物ミクロメーター
小さい目盛
　…接眼ミクロメーター
線の中心で合うところを探す
接眼は18～53で、35目盛分
（10 μm×9目盛）÷35目盛
　　　　　　＝2.57 μm
　　　　　　　↑
接眼ミクロメーター1目盛分
600倍のとき…2.57 μm
150倍のとき…（2.57×4）μm
60倍のとき…（2.57×10）μm

③展開2【課題の探究2】　　　　（20分）

接眼ミクロメーターと対物ミクロメーターを顕微鏡に装着し、目盛にピントを合わせて目盛が合うところを探す。

対物ミクロメーターの目盛を600倍でピントを合わせてみましょう。
絞りを絞ってみるとよく見えますよ。
まずは低倍率でピントを合わせてください。

絞りを絞ってみると、対物ミクロメーターの目盛が見えやすくなります。

先生、倍率を上げるとピントが合いません。

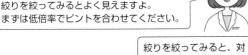

④展開3【課題の探究3】　　　　（10分）

ミクロメーターでの計算方法を使って、接眼ミクロメーターの1目盛が何μmになるか求める。

大きい目盛が対物ミクロメーターで、目盛が合うところは9目盛分あるから、90 μmになります。

接眼ミクロメーターは、90 μmに35目盛分あるから90÷35＝2.57 μmです。
これが600倍での接眼ミクロメーター1目盛の大きさなんだね。

次回は、今日計算した値を使って細胞のサイズを測ってみましょう。

いれば、倍率を上げる際には対物レンズを変えた後は微動ねじを少し回すだけでピントが合うようにできていることや、絞りを絞らないと対物ミクロメーターの目盛が明るすぎて飛んでしまい、見えないことがあることも伝えるとよい。目盛にも太さがあるので、目盛線の中心同士が重なる部分を探すようにさせる。
④展開3　接眼ミクロメーター1目盛分が何μmになるかを求めさせる。各グループで計算結果が大幅にずれていないか確認させる。最高倍率で求めた値に倍率の比を掛け算すれば、低倍率での値が求められることにも気付かせる。

本時の評価（生徒全員の記録を残す場合）

　次時に行う細胞の観察の際に、ミクロメーターを用いて観察対象の大きさを正しく測れるかどうかで評価する。

授業の工夫

　接眼ミクロメーターの扱い方や接眼レンズへの装着の仕方、目盛の見え方の例などを、写真や動画、実物投影機で前に映すと理解させやすい。

1章　生物の特徴　③時　さまざまな生物の細胞の観察（探究活動①）

知・技
思・判・表
主体的

●本時の目標：　細胞の観察結果から、生物の共通性と細胞の多様性を見いだして表現する。
●本時で育成を目指す資質・能力：　思考力、判断力、表現力等
●本時の授業構想
　ヒト口腔上皮、タマネギ鱗片葉の表皮、オオカナダモ、乳酸菌、イシクラゲなどの細胞を観察することで、生物は細胞からできているという共通性があることと、多様性があることを見いださせる。ミクロメーターを活用して細胞や核の大きさを測ることで、真核細胞と原核細胞の違いにも気付かせる。
●本時の評価規準（Ｂ規準）
　生物は細胞からできていることと、細胞にも多様性があることを見いだして表現している。

・本時の課題

どの生物も本当に細胞からできているのだろうか。
細胞に多様性はあるのだろうか。

---

①導入【課題の把握】　　　　　　　　（５分）
教師の演示実験から、本時に観察するさまざまな生物の細胞のプレパラートのつくり方を確認する。

ヨーグルトの乳酸菌、イシクラゲ、アオサノリなど、さまざまな生物を用意してみました。どの生物も本当に細胞からできているのでしょうか？

グループで手分けして、いろいろな生物のプレパラートをつくろう。

染色液を使った方がよく見える試料もあるんだね。

②展開１【課題の探究１】　　　　　（15分）
グループで手分けをして、さまざまな生物の細胞のプレパラートをつくり、顕微鏡で観察する。

私は口腔上皮のプレパラートをつくるね。

私は乳酸菌のプレパラートをつくるね。どんなふうに見えるのかな。

細胞のつくりや大きさの違いにも注目して、観察してみましょう。

中学校からのつながり
　中学校で、生物の体は細胞からできていることや、細胞には核、細胞膜、細胞壁、葉緑体などの構造が見られることについて、ヒト口腔上皮、タマネギ表皮、オオカナダモの葉などの細胞の観察を通して学んでいる。高校では、原核生物も加えて細胞を観察して比較することで、構造や大きさの違いを見いださせる。
ポイント
①導入　地球上の多様な生物の例として、ヨーグルトの乳酸菌、イシクラゲ、オオカナダモ、ヒト口腔上皮、タマネギなど、本時に観察するさまざまな生物を紹介する。生物によってプレパラート

のつくり方や使用する染色液が異なるので、それぞれ説明する。その際、同じ試料を、水で封入するものと染色液で封入するものの両方をつくらせてもよい。
②展開１　グループごとに複数の細胞のプレパラートをつくらせ、顕微鏡で観察させる。プレパラートを作成する際には、試料が厚くなったり水浸しになったりしないように留意させる。特に、染色液が対物レンズに付着しないように注意させる。後日学習する真核生物と原核生物の両方を観察させると、細胞の多様性を考察しやすくなる。
③展開２　細胞が見えたら、倍率を上げてスケッチさせる。輪郭や境目は細くはっきりした線で、

【さまざまな生物の細胞の観察】
①ヒト口腔上皮
　綿棒でほほの内側を軽くこすってスライドガラスに付ける→酢酸オルセイン溶液1滴
②タマネギ鱗片葉の表皮
　カミソリで切れ込みを入れてからピンセットではがす→酢酸オルセイン溶液1滴
③オオカナダモ葉　1枚ちぎってスライドガラスにのせる→水1滴
④乳酸菌
　ヨーグルト上澄み液をスライドガラスに1滴たらす
　→メチレンブルー溶液1滴
⑤イシクラゲ
　小さいかけらをピンセットでよくほぐす→水1滴

●三つを選び150〜600倍で観察、
　スケッチ（言葉でもスケッチ）
●細胞一つの大きさを測って記入
●二つに分けて理由も考えて書く

③展開2【課題の探究2】　　　（15分）
さまざまな細胞をスケッチし特徴を記録するとともに、細胞や核や葉緑体一つの大きさをミクロメーターで測って記録する。

細胞が見えたら、倍率を上げてスケッチしましょう。細胞一つや、構造が見えればその大きさも測って、スケッチの中に記録しましょう。

タマネギの細胞が一番大きいね。

乳酸菌がやっと見えたよ。こんなに小さい細胞もあるんだね。

④まとめ【課題の解決】　　　（15分）
観察した細胞の特徴から、観察した生物を二つに分けるとしたらどのような観点や基準で分けられるか考えて話し合う。

細胞にもいろいろな形や大きさのものがあるんだね。細胞の大きさで、二つのグループに分けられるんじゃないかな？

細胞の中に何か入ってるのが見えるかどうかで分けるのはどうかな？

色の濃い部分は点でスケッチし、塗りつぶしたり輪郭を二重描きにしたりしないよう留意させる。細胞の大きさや様子を文字でも記録させる。各試料がどのように見えるか、あらかじめ用意した顕微鏡画像を見せると、どれが細胞なのか生徒は理解しやすい。机間巡視して、観察できているかどうかチェックする。
④まとめ　どの生物も細胞からできていたこと、細胞にも多様性があることを全体で確認する。その上で、本時に観察した生物を細胞の特徴で二つに分けるとしたら、どのように分けられるか考えさせ、発表させる。本時のスケッチや考察は、後日「細胞の特徴」での学習に活用させる。

本時の評価（生徒全員の記録を残す場合）
　観察した際に記録したスケッチや特徴、細胞の大きさ、考察したことの記述をもとに評価する。
授業の工夫
　時間短縮でスケッチを写真撮影に替えてもよい。乳酸菌はヨーグルトを購入したまま静置し透明な乳清1滴にメチレンブルーや酢酸オルセイン溶液を1滴たらして封入すると、600倍でも桿菌（かん）や球菌を観察できる。

具体的な観察方法

　顕微鏡での細胞の観察は、他に顕微鏡を扱う機会やスケッチを行う機会があまりないため、ここでぜひ取り入れたい。試料に動物、植物、細菌がすべて含まれていると、細胞の構造の共通性と多様性の理解につなげやすい。以下に挙げる試料の他にも、酵母菌（ドライイーストを水に溶かす）、マツモ（細い葉をそのまま水で封入する）などが個々の細胞を観察しやすい。

　ヒトロ腔上皮　綿棒など、先端が尖っていない衛生的なもので、ほほの内側を軽くこすり、スライドガラスにぬり付ける。そこにすぐ酢酸オルセイン溶液を1滴たらして、カバーガラスをかぶせる。

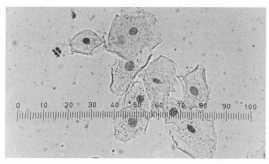

ヒトロ腔上皮細胞（600倍）

　タマネギ鱗片葉の表皮　くし形に切ったタマネギの鱗片葉を何枚かはがし、内側の面にカミソリで「井」のように切れ込みを入れてから、内側の四角い表皮をピンセットではがす。スライドガラスに表皮が折れないように乗せ、すぐに酢酸オルセイン溶液を1滴たらして、カバーガラスをかぶせる。

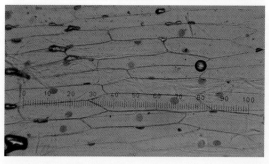

タマネギりん片葉（150倍）

　オオカナダモ葉　熱帯魚などを扱うペットショップで購入できる。葉を1枚ピンセットでちぎって、スライドガラスに乗せて、水を1滴たらしてカバーガラスをかぶせる。酢酸オルセイン溶液をたらしても、核は上手く染まらないことが多い。水で封入して、葉緑体が細胞内でゆっくり流動している様子を見せた方が生きている細胞を観察している実感がわく。

オオカナダモ葉（150倍）

　乳酸菌　無糖ヨーグルトを購入し、あらかじめ1か所スプーンで深く掘っておいて上澄み液をためておく。ヨーグルトが少しでも攪拌（かくはん）してしまうと何日経っても上澄み液はうまく出てこないため、購入時に振らないように注意する。上澄み液をスライドガラスに1滴たらし、そこにメチレンブルー溶液を1滴たらしてカバーガラスをかぶせる。今回の試料の中ではピントが最も合わせにくく、生徒はどれが乳酸菌か判断しづらい。そこで黒い影として見えるヨーグルトの乳タンパクにピントを合わせていくと、周囲に数珠状の球菌や、棒状の桿菌（かん）がたくさん浮かんでいることをあらかじめ説明する。

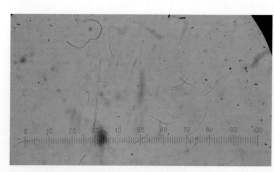

乳酸菌（600倍）

イシクラゲ　校庭や駐車場の砂利の上などにあるが、購入もできる。乾燥させておくと何年ももつ。水でふやかしたイシクラゲの小さいかけらをスライドガラスにとり、ピンセットでよくほぐしてから水を1滴たらしてカバーガラスをかける。スライドガラスの上に乗せる試料が多すぎると光を透過せず黒くて見づらいので、ほんの少しだけ取らせるとよい。

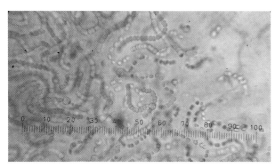

イシクラゲ（600倍）

具体的な評価基準

評価Bの例　観察試料を三つ選び、それぞれについて適切に150～600倍で観察をしているが、各細胞のスケッチを正しく描けていない。あるいは、言葉で様子を記録していない。あるいは、各細胞一つの大きさをミクロメーターで正しく測ることができていない。三つの試料を二つに分けて理由を記述している。生物は細胞からできていることと、細胞にも多様性があることは見いだしているが、各細胞の観察結果を正しく表現できていない。このことから、思考・判断・表現の観点で「おおむね満足できる」状況（B）と判断できる。

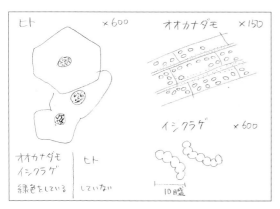

評価Bのスケッチ例

評価Aの例　観察試料を三つ選び、それぞれについて、適切に150～600倍で観察をした上で、各細胞のスケッチを正しく描き、言葉でも様子を記録している。各細胞一つの大きさをミクロメーターで測って記入している。三つの試料を二つに分けて理由を記述している。生物は細胞からできていることと、細胞にも多様性があることを見いだして表現しているので、思考・判断・表現の観点で「十分満足できる」状況（A）と判断できる。

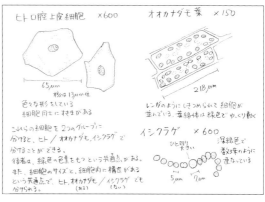

評価Aのスケッチ例

評価Cの例　観察や記録ができておらず、生物は細胞からできていることと、細胞にも多様性があることを見いだして表現していないので、思考・判断・表現の観点で「努力を要する」状況（C）と判断できる。

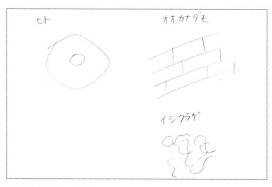

評価Cのスケッチ例

「努力を要する」状況と判断した生徒に対する指導の手立て　細胞を観察するためのプレパラート作成や顕微鏡操作、ミクロメーターの装着が正しくできているか確認させ、他の生徒の記録なども参考にしながら正しく観察や記録ができるように支援する。

1章　生物の特徴　④時　生物の共通性（探究活動②）

知・技
思・判・表
主体的

●本時の目標：　異なる種の生物からDNAを抽出することで、生物にはDNAをもつという共通性があることを見いだす。
●本時で育成を目指す資質・能力：　思考力、判断力、表現力等
●本時の授業構想
　　タマネギ鱗片葉、ヒト口腔上皮、ヨーグルト上澄みからDNAを抽出し、生物はDNAをもっているという共通性を見いださせる。併せて、生物と非生物の違いから、細胞からできていること、DNAをもつことの他にも、生物が共通してもっているさまざまな特徴について考えさせる。
●本時の評価規準（B規準）
　　DNAを抽出し、生物に共通する特徴を見いだしている。

①導入【課題の把握】　　　　　　　（5分）

前時に観察した細胞はさまざまな姿や形をしていたが、どの生物の細胞もDNAをもっているのか考える。

前時は、ヒト、タマネギ、乳酸菌などの細胞を観察しました。形がだいぶ違いましたが、細胞に共通性はあるのでしょうか？

細胞にはDNAが含まれていると中学校で習いました。

どの細胞からもDNAを取り出せるのでしょうか？

②展開1【課題の探究1】　　　　　（25分）

ヒト口腔上皮、タマネギ鱗片葉、乳酸菌など異なる生物から、DNAを抽出する実験を行う。

ヒト、タマネギ、乳酸菌から、それぞれDNAを抽出してみましょう。まずは試料をすりつぶしたり集めたりします。

私は乳酸菌でやってみよう。本当にDNAはあるのかな？

私はヒト口腔上皮で抽出をしてみるね。

中学校からのつながり
　遺伝子の本体は核に含まれるDNAであること、生物は光合成や呼吸を行って生命活動のエネルギーを得ていることを学んでいる。

ポイント
①導入　中学校で学んだことをもとに、細胞に共通して含まれていそうなDNAに着目させる。前時に観察した生物について、どれからもDNAを取り出すことができるか考えさせる。
②展開1　各グループで、複数の生物からDNA抽出を行う。DNA抽出のしやすさは試料によって異なるので、必ずしも前時に観察した生物でなくてもよいが、動物や植物など異なる生物で2種

類以上は扱いたい。ヒト口腔上皮を含むだ液や、タマネギ鱗片葉のすりおろしで抽出できる。乳酸菌は、ヨーグルト乳清にタンパク質分解酵素を含むコンタクトレンズ洗浄液を数滴たらして食塩を直接加えて攪拌すると、意外と抽出することができる。植物の場合は細胞壁を壊す必要があるので、乳鉢ですりつぶして、同量のDNA抽出液（例えば、台所用洗剤と食塩を水に溶かしたもの）を加える。すりつぶした液体の粘度が高いネギやニラ、ブロッコリーはDNAが抽出しやすい。冷凍野菜を使用しても抽出できる。
③展開2　試料とDNA抽出液を混ぜた液体を試験管やビーカーに入れ、冷凍庫で冷やしておいた

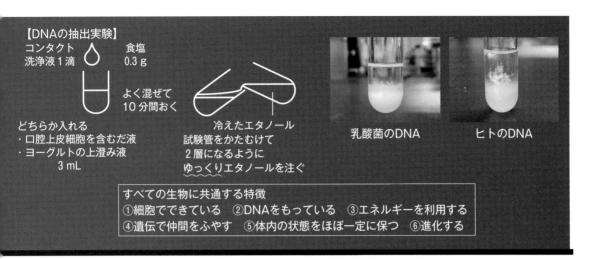

【DNAの抽出実験】
コンタクト
洗浄液1滴

食塩
0.3 g

よく混ぜて
10分間おく

冷えたエタノール
試験管をかたむけて
2層になるように
ゆっくりエタノールを注ぐ

どちらか入れる
・口腔上皮細胞を含んだ液
・ヨーグルトの上澄み液
　3 mL

乳酸菌のDNA　　ヒトのDNA

すべての生物に共通する特徴
①細胞でできている　②DNAをもっている　③エネルギーを利用する
④遺伝で仲間をふやす　⑤体内の状態をほぼ一定に保つ　⑥進化する

③展開2【課題の探究2】　　　（10分）
どの生物の細胞からも、DNA抽出ができたことを確認する。

乳酸菌も、少し見え方が違うけど、この白いモヤモヤにDNAが入っているんだね。

ヒトとタマネギはたくさんDNAが出てきたね。

細胞の姿がそれぞれ違うので、細胞を壊す方法が少し異なりましたが、どれもエタノールを最後に注ぐとDNAが浮かび上がってきましたね。

④まとめ【課題の解決】　　　（10分）
地球上のすべての生物に共通する特徴を、生物と非生物で比較しながら話し合って考える。

生物は細胞でできていて、DNAをもつことが分かりました。他に共通する特徴は何でしょうか？

生物と、生物でないロボットで考えてみよう。どちらも動いて、エネルギーを利用するね。

でもロボットは、子や卵を産まないよね。遺伝の仕組みをもっていて仲間をふやすのも生物に共通する特徴だね。

エタノールを2層になるようにゆっくりと注ぎ、DNAが析出してくる様子を観察する。エタノール中にDNAが固体となって浮かび上がってくるが、この技法を「エタノール沈殿」と呼ぶ。なお、浮かび上がってくる固体には、DNAだけでなくタンパク質やRNAもかなり含まれている。
④まとめ　実験結果から、細胞やDNAをもつという生物の共通性を見いだすことができる。ここでさらに、ヒトとヒト型ロボットや、カビとほこりなど、生物と非生物を例にして、すべての生物に共通した特徴は何かについて話し合わせ、最後にまとめさせる。

本時の評価（指導に生かす場合）
　単元テストや定期考査等を活用して、すべての生物に共通する特徴について見いだしているか確認することが考えられる。

授業の工夫
　DNA抽出は映像などで見せることもできるが、手軽な実験なので実施したい。生物の細胞にはDNAが含まれているということを、実験を通して実感させたい。

1章 生物の特徴 ⑤時 細胞の特徴

知・技

思・判・表

主体的

●本時の目標： 細胞の構造には共通性と多様性があることを理解する。
●本時で育成を目指す資質・能力： 知識及び技能
●本時の授業構想
　　さまざまな細胞の観察結果を振り返りながら、細胞に見られた共通性を見いだすとともに、細胞は生物種によってさまざまな姿や形をしていたことを確認する。電子顕微鏡写真などの資料から、細胞の基本的な構造の違いで、細胞は、核をもつ真核細胞と、核をもたず大きさも小さな原核細胞に分けられることに気付かせる。
●本時の評価規準（Ｂ規準）
　　真核細胞と原核細胞がそれぞれもっている特徴やその違いを理解している。

---

①導入【課題の把握】　　　　（10分）

スケッチや顕微鏡写真を見たりしながら、さまざまな細胞で見られた特徴について思い出す。

前々回の授業で、さまざまな細胞の観察を行いました。スケッチを返却します。顕微鏡写真を見て、どんな細胞が見えたか思い出しましょう。

ヒト口腔上皮細胞も、タマネギ表皮細胞も、同じような細胞がたくさん見えました。核も見えました。

乳酸菌の細胞はすごく小さくて、核があるかどうかは分からなかったわ。オオカナダモの葉緑体とイシクラゲの細胞は、サイズも色もよく似ていました。

②展開1【課題の探究1】　　　（10分）

細胞の観察で考察した内容をもとに、細胞の特徴によって生物を分ける観点や基準についてグループで話し合う。

細胞にはどのような特徴が見られたか、どのような観点や基準で生物を二つに分けてみたか、思い出しましょう。

サイズがだいぶ違ったよね。大きさを基準にしても分けられるんじゃない？

核があるかどうかっていう基準で二つに分けたよ。

中学校からのつながり

　中学校では、さまざまな生物を観点や基準によって分類できること、生物の体は細胞からできていること、植物細胞には動物細胞と違って葉緑体、液胞、細胞壁があること、細胞の中には遺伝子の本体であるDNAがあることを学習している。また、細菌類は生態分野で分解者として学習している。

ポイント

①導入　前々回に実施した「さまざまな細胞の観察」について思い出させ、細胞の顕微鏡写真を見せて振り返る。
②展開1　細胞を観察した際の課題「細胞の特徴

から観察した生物を二つに分けるとしたらどのように分けられるか」について、グループで話し合う。ヒト口腔上皮、タマネギ表皮、オオカナダモの葉、乳酸菌、イシクラゲの五つを分ける観点や基準として、核があるかどうか、大きさの違い、細胞内に構造があるかどうか、緑色をしているかどうか、細胞同士がくっついているか離れているかなどが考えられる。オオカナダモは、染色液が染み込みにくく核を明確に染めることが難しいので、中学校教科書の写真なども活用するとよい。
③展開2　光学顕微鏡で見えない構造について考えるため、大腸菌と酵母菌の電子顕微鏡写真を見せて、構造の違いについて考えさせる。細菌には

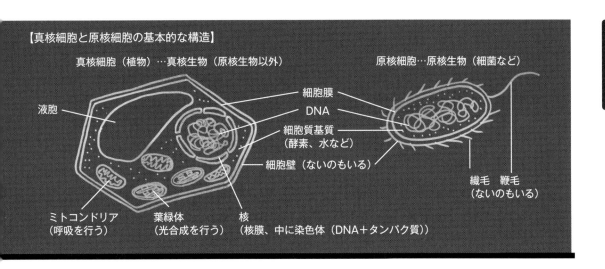

【真核細胞と原核細胞の基本的な構造】

真核細胞（植物）…真核生物（原核生物以外）　　　　原核細胞…原核生物（細菌など）

液胞

細胞膜
DNA
細胞質基質
（酵素、水など）
細胞壁（ないのもいる）

繊毛　鞭毛
（ないのもいる）

ミトコンドリア
（呼吸を行う）　　　葉緑体
（光合成を行う）　　　核
（核膜、中に染色体（DNA＋タンパク質））

③展開2【課題の探究2】　　　　（20分）
大腸菌と酵母菌の電子顕微鏡写真を見て、細胞の構造の共通点と相違点を見いだして理解する。

光学顕微鏡では見えない構造も電子顕微鏡なら見ることができます。大腸菌と酵母菌の電子顕微鏡写真を比べてみましょう。どう違いますか？

酵母菌は大きい核とかミトコンドリアとか、いろいろ入っているね。

大腸菌の中はもやもやだね。細菌には核はやっぱりなさそうだね。

④展開3【課題の探究3】　　　　（10分）
観察した生物は、原核生物と真核生物のどちらに分類されるのか考える。

オオカナダモは、観察で核は見えなかったけれど、葉緑体があるしサイズも大きいから真核生物だと思います。

ヒトもタマネギも真核生物、乳酸菌は細菌だから原核生物だね。イシクラゲはどっちかな？

イシクラゲはシアノバクテリア、つまり細菌の一種で、原核生物になります。

はっきりとした内部構造が見えないのに対し、核をもつ細胞は、ミトコンドリアなどの細胞小器官が発達していることに気付かせる。ここで、核をもつ細胞を真核細胞、もたない細胞を原核細胞と呼ぶことを示し、それぞれの細胞の構造について教科書の図などを参照しながらまとめさせる。
④展開3　細胞の特徴から、生物を真核生物と原核生物に分けることができることを示し、細胞を観察した五つの生物はどちらに分類されるのか考えさせる。

本時の評価（指導に生かす場合）

　単元まとめや定期考査等の機会を活用して、細胞の特徴について理解しているか確認する。

授業の工夫

　今後の授業で扱う核、ミトコンドリア、葉緑体については役割をしっかり押さえるが、その他の細胞小器官の個々の役割については参考程度の扱いとする。原核細胞と真核細胞のどちらが先に誕生したかどうかや、ミトコンドリアと葉緑体の起源、細胞内共生説に話を広げても面白い。

1章　生物の特徴 ⑥時　生命活動とATP

・本時の課題

生物はどのように生命活動に必要なエネルギーを得ているのだろうか。

知・技

思・判・表

主体的

●本時の目標：　生命活動にはATPのエネルギーが必要であることを理解する。

●本時で育成を目指す資質・能力：　知識及び技能

●本時の授業構想

　　まず、動物や植物はどのように生命活動のエネルギーを得ているかについて話し合わせ、生物は有機物を分解してエネルギーを得ていることに気付かせる。さらに、有機物の化学エネルギーを利用し、ATPを合成してエネルギーを吸収していること、ATPが分解される際にエネルギーが放出されることを理解させる。

●本時の評価規準（B規準）

　　生体内のATPの役割について理解している。

---

①導入【課題の把握】　　　　　　　　　　（5分）

動物や植物はどのように生命活動のエネルギーを得ているかについて話し合う。

> 生物はどのようにエネルギーを得ているでしょうか？ヒト、イネで具体的に考えてみましょう。

> ヒトは、ご飯を食べるよね。ご飯には何エネルギーがたくさんあるんだっけ？

> イネは光合成するから、光エネルギーかな？

> 植物は光合成だけじゃなくて呼吸もしてるよね。

②展開1【課題の探究1】　　　　　　　　（15分）

動物も植物も有機物を分解してエネルギーを得ていることに気付く。

> 食べ物の有機物にはどれくらいのエネルギーが含まれているでしょうか？
> また、私たちはどんな活動でエネルギーをどれくらい消費するでしょうか？

> このクッキーは、一つ100 kcalと栄養表示に書いてあります。

> 体重50 kgのヒトがジョギングを何分すると100 kcal消費するのかな？

中学校からのつながり

　葉で光合成が行われてデンプンがつくられることや、細胞呼吸でデンプンから生命活動で使うエネルギーが取り出されること、さまざまなエネルギーとその変換、炭素を含む物質を有機物と呼ぶこと、含まない物質や例外的に二酸化炭素を無機物と呼ぶことについて学習している。

ポイント

①導入　中学校での既習事項や生物の共通性を思い出させ、生物はどのようにエネルギーを得ているのかについて話し合わせる。その際、何の種類のエネルギーを得ているのかについても考えさせる。

②展開1　動物は食物を食べること、植物は光合成によって自らデンプンをつくることで有機物を得ていることについて理解する。具体的に、どのような食物に有機物がもつエネルギーがどの程度含まれているかや、どのような活動でどの程度エネルギーを消費するのかについて計算させてみてもよい。植物については、光を十分に当てて育てたものと、十分な光を当てずに育てたものを提示して、なぜ生育に違いが出たのかについて考えさせる。

③展開2　細胞では、有機物がもつ化学エネルギーを用いて、ADPとリン酸からATPという物質が合成されることを提示する。ATPには「高

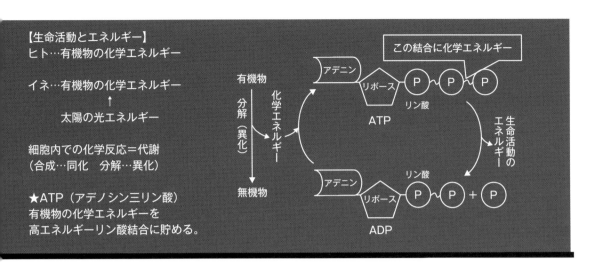

【生命活動とエネルギー】
ヒト…有機物の化学エネルギー

イネ…有機物の化学エネルギー
　　　　↑
　　　太陽の光エネルギー

細胞内での化学反応＝代謝
（合成…同化　分解…異化）

★ATP（アデノシン三リン酸）
有機物の化学エネルギーを
高エネルギーリン酸結合に貯める。

図中：
この結合に化学エネルギー
アデニン　リボース　P　P　P
有機物　分解（異化）　化学エネルギー　リン酸　ATP　生命活動のエネルギー
無機物
アデニン　リボース　P　P　＋　P　リン酸　ADP

---

③展開2【課題の探究2】　　　　　（20分）
有機物の化学エネルギーは、細胞の中でATPの合成に使われることを理解する。

細胞に取り込まれた有機物の化学エネルギーを使って、細胞の中でATPという物質が合成されます。

有機物の化学エネルギーがATPに吸収されるのかな？

ATPはどんな構造をしているのかな？

④展開3【課題の探究3】　　　　　（10分）
ATPがADPとリン酸に分解されることでエネルギーを放出し、さまざまな生命活動が行われていることを理解する。

ATPからリン酸が一つ外れると、ADPになってエネルギーも放出されるんだね。

ADPとリン酸が結合するときに有機物の化学エネルギーを吸収して、またATPがつくられるんだね。

ATPが生物の体の中でエネルギーを運搬していたんですね。

エネルギーリン酸結合」があり、この結合にエネルギーを貯め込んでいる。結合が切れると、エネルギーが放出される。単純な物質ほどもっているエネルギー量が少なく、タンパク質や脂質、糖など複雑で高分子の物質ほどもっているエネルギー量が多いこと、生物の体を構成する細胞は、タンパク質などを常に新しく入れ替え続けているために、生きている間はエネルギーを常に必要としていることにも触れると、寝ているときもエネルギーを消費していることについて理解しやすい。
④展開3　ATPと、ADP＋リン酸の分解・合成を繰り返すことで、生命活動のエネルギーが運搬されていることを理解させる。

本時の評価（指導に生かす場合）
　単元まとめや定期考査等の機会を活用して、生命活動とATPとの関連について理解しているか確認する。

授業の工夫
　ホタルの発光もATPによるものである。発光キットなどでエネルギー変換の様子を演示して見せてもよい。

1章　生物の特徴　⑦時　呼吸と光合成

・本時の課題

呼吸や光合成とATPはどのように関係しているのだろうか。

知・技

思・判・表

主体的

●本時の目標：　呼吸や光合成ではどちらも酵素によってATPが合成されてエネルギーが利用されていることを理解する。

●本時で育成を目指す資質・能力：　知識及び技能

●本時の授業構想

　　呼吸や光合成ではエネルギーが関係していたことを確認させる。細胞のミトコンドリアと葉緑体がどちらもATP合成酵素をもつことから、呼吸や光合成においてATPが合成されていることについて考えさせ、エネルギーの一連の流れでATPがどのように関わっているかについて、整理しながら理解させる。

●本時の評価（B規準）

　　呼吸や光合成におけるエネルギーの流れを理解している。

---

①導入【課題の把握】　　　　　　（5分）

呼吸や光合成の働きと、物質がどのように反応していたか思い出す。

> 呼吸と光合成について、中学校で学んだことを思い出してみましょう。

> 呼吸は、酸素をデンプンを使って分解して、二酸化炭素と水ができる反応でした。

> 光合成は、二酸化炭素と水から、デンプンと酸素ができる反応でした。光合成は葉緑体で行われています。

②展開1【課題の探究1】　　　　（15分）

資料をもとに、呼吸がミトコンドリアで行われていることとATPとの関連について、グループで話し合いながら図をまとめる。

> 呼吸の反応について、ATPも含めてグループでまとめてみましょう。

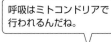

> 呼吸はミトコンドリアで行われるんだね。

> ミトコンドリアの中でATPが合成されるんだね。

中学校からのつながり

　　全身の細胞における細胞呼吸では、取り込んだ酸素とブドウ糖（グルコース）から二酸化炭素と水ができ、その際に生命活動のエネルギーが取り出されること、光合成では、取り込んだ二酸化炭素と水から光エネルギーを用いてデンプンと酸素がつくられることを学習している。

ポイント

①導入　中学校で学んだ呼吸と光合成の働きや、物質がどのように反応していたか、またエネルギーがどのように関係していたかについて思い出させる。

②展開1　まず呼吸とエネルギーについて、ワー

クシートや各自の端末などで図や言葉でまとめさせる。ミトコンドリアが細胞呼吸の場であること、細胞に取り込まれた酸素やグルコースがミトコンドリアにさらに取り込まれて、その中で二酸化炭素と水ができること、放出されたエネルギーからATP合成酵素の働きによってATPが合成されること、細胞内ではATPが分解されながら生命活動が行われることについて、一連の流れとして捉えさせるとよい。細胞内のATPのエネルギーであらゆる細胞の生命活動（代謝、運動、発光など）が行われることを押さえる。

③展開2　次に、光合成とエネルギーについて、呼吸と同様に図や言葉でまとめさせる。葉緑体に

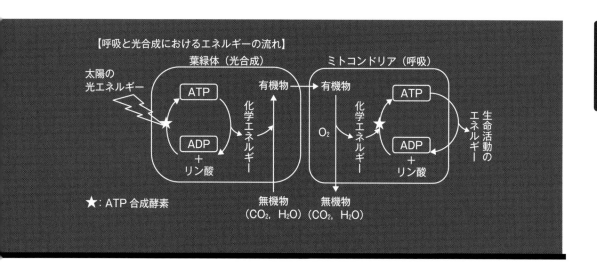

【呼吸と光合成におけるエネルギーの流れ】

★：ATP 合成酵素

③展開2【課題の探究2】　　　　（15分）

資料をもとに、葉緑体で光合成が行われる際に
ATPが合成され、そのエネルギーで有機物が合成
されることを理解する。

細胞の中の反応は酵素によって起こります。
ミトコンドリアにも葉緑体にも、共通して
ATP合成酵素があります。

光合成でもATPが合成
されているんだね。

そのATPのエネルギー
を使って有機物を合成す
るんだね。

④まとめ【課題の解決】　　　　　（15分）

エネルギーの一連の流れにおいてATPがどのよう
に関わっているか理解する。

まず、光エネルギーが葉緑体の中でATPの
化学エネルギーとして蓄えられます。

そのATPの化学エネルギーで有機物を合成
して、植物はそれを使って呼吸します。動物
は有機物を食べます。

生物は皆、細胞の中で有機物を分解して
ATPを合成して、生命活動のエネルギーと
して使います。

もミトコンドリアのようにATP合成酵素がある
ことに触れ、葉緑体が受けた光エネルギーを使っ
てまずATPが合成されること、そのエネルギー
を用いて二酸化炭素と水から有機物が合成される
こと、その有機物がデンプンとして蓄えられたり、
細胞外へ移動したり、細胞内で呼吸によって消費
されたりすることを押さえる。

④まとめ　呼吸と光合成におけるエネルギーの一
連の流れを整理して確認する。一見して逆の反応
に見える呼吸と光合成だが、ATP合成酵素で外
部からのエネルギーを捕捉して生体内に取り入れ
ているという共通点に気付かせたい。

本時の評価（指導に生かす場合）

　単元まとめや定期考査等の機会を活用して、呼
吸と光合成におけるエネルギーの一連の流れにつ
いて理解しているか確認する。

授業の工夫

　ATP合成酵素はミトコンドリア内膜や葉緑体
チラコイド膜に埋まっているタンパク質である。
映像資料なども活用したい。

1章　生物の特徴　⑧時　酵素の働き1
（探究活動③-1）

知・技

思・判・表

主体的

●本時の目標：　酵素の特徴を調べるための実験の計画を立て、実験する。

●本時で育成を目指す資質・能力：　思考力、判断力、表現力等

●本時の授業構想

　　初めに、酵素についての既習事項を確認してから、過酸化水素水とレバーを用いて酵素の特徴を調べる実験を行う。まず、演示実験で過酸化水素水にレバー片を入れ、酸素の泡が発生する様子を見せる。次に、各グループで仮説を立てて、対照実験を含めた実験計画を考えさせる。そして、計画した実験を実施させ、実験結果を記録する。

●本時の評価規準（B規準）

　　酵素の特徴を調べるための実験計画を立て、適切に実施している。

---

①導入【課題の把握】　　　　　　　　　（5分）

細胞内のあらゆる反応は酵素によって行われていることを確認する。

> 過酸化水素は、細胞の中で発生します。過酸化水素はいろいろなものを傷つけるので、速やかに分解する必要があります。

> 過酸化水素は、細胞の中でどうやって分解されるんだろう？

> 細胞の中のあらゆる反応は酵素で起こるんだよね。
> 過酸化水素を分解する酵素があるんじゃないかな？

---

②展開1【課題の探究1】　　　　　　　（15分）

演示実験を見て酵素についての疑問を挙げ、実験計画を考える。

> 過酸化水素水にレバーを入れると、激しく泡が出ました。レバーに含まれるカタラーゼという酵素が過酸化水素を分解したためです。では、酵素の特徴を調べる実験を考えてみましょう。

> カタラーゼは、他の物質も分解するのかな？

> カタラーゼは一度働くと働きを失うのかな？

> どんな実験をするとこの疑問を解決できるのかな？対照実験どうする？

中学校からのつながり

　酵素については、消化の単元で消化酵素について、デンプンがだ液のアミラーゼに分解されることや、タンパク質が胃液のペプシンに分解されることを学習している。いずれも細胞外での酵素反応であり、細胞の中に酵素があることや、あらゆる細胞内の反応は酵素によって行われていることはここで初めて学習する。

ポイント

①導入　ここまで学習したATP合成や呼吸、光合成など細胞内の反応は、酵素によって起こることを確認する。過酸化水素は細胞内で発生する物質で細胞を傷つけてしまう性質をもつことから、

酵素によって速やかに水と酸素に分解されるのではないか、と生徒から発想させられるとよい。

②展開1　演示実験として、試験管に3％過酸化水素水とレバー片を入れて泡が出る様子を見せる。ここで、酵素についての疑問を挙げさせ、酵素の特徴を何か一つ確かめることができるような簡単な対照実験を考えさせる。使える試薬（3％過酸化水素水、1％デンプンのり等）や器具を示し、この時間内で終わるような実験にさせる。

③展開2　グループごとに計画した実験を行わせる。仮説を一つに絞らせて、対照実験を設定できるように各グループの進捗を確認して回る。電気ポットの湯でやけどしないように注意させる。

【酵素の特徴を調べよう】

$$2H_2O_2 \rightarrow 2H_2O + O_2$$

過酸化水素　　　水　　　酸素

触媒 …酵素（カタラーゼ）←どんな特徴があるのか？

疑問→仮説→実験方法→実験→結果（今回ここまで）→考察・発表（次回）

〈実験に使えるもの〉
3％過酸化水素水、1％デンプンのり、レバー片、石英砂、試験管、ビーカー、ポットのお湯、氷、ヨウ素溶液、これ以外は要相談
※仮説を確かめられるように対照実験を設定する。※何か一つの特徴を確かめるだけにする。

〈片付け〉試薬は前のバケツへ捨てる。試験管をブラシでこすってよく洗う。

③展開2【課題の探究2】　　　　（20分）
グループごとに計画した実験を実施する。

グループごとに必要な実験器具や試薬を教卓からもっていってください。

「氷で冷やすとカタラーゼの働きは弱まる」という仮説にして実験しよう。

ビーカーに氷水をつくって過酸化水素水を冷やしておこう。

④展開3【課題の探究3】　　　　（10分）
実験結果を記録し、次回の授業で各グループ発表できるように準備する。実験器具を片付ける。

酵素は、低い温度だとあまり働かないことが分かりました。40℃くらいのほうがよく働きます。

試験管はよくブラシでこすって洗うんだって。中の液体とかレバー片は教卓で回収だって。

次回、実験プリントを前に映して各グループ1～2分で発表してもらいます。片付けを先にしてください。

④展開3　次回は各グループの実験結果を1～2分で簡単に発表してもらうことを伝える。終了5～10分前には片付けを始めるよう声をかける。レバーや石英砂を流しに流さぬよう、教卓に大きめの容器を置いて回収するとよい。

本時の評価（指導に生かす場合）
　本時は各自の実験プリントに結果等を記入させる。次時に疑問から考察まで十分な記述がされているかで評価する。

授業の工夫
　3％過酸化水素水に1％の割合でハンドソープを混ぜると、発生した泡が消えずに試験管内に残るので、泡の高さで分解量を比較することも可能

になる。その場合は、レバー片をかなり小さくする方がよい。次回の授業で酵素の基質特異性や、タンパク質でできていること、触媒としての機能に触れられるよう、グループごとにさまざまな実験方法を分担させてもよい。

1章 生物の特徴 ⑨時 酵素の働き2
（探究活動③-2）

・本時の課題

酵素にはどのような特徴があるのだろうか。

知・技

思・判・表

主体的

●本時の目標： 酵素反応の実験結果から、酵素の基本的な特徴を見いだして表現する。

●本時で育成を目指す資質・能力： 思考力、判断力、表現力等

●本時の授業構想

　前時に行った酵素の特徴を調べる実験について、各グループの実験についてそれぞれ発表させる。実験結果から分かったカタラーゼの特徴（過酸化水素水だけを分解する、基質を追加すると再び働く、加熱すると働かなくなる、など）について見いださせてから、酵素の一般的な特徴（基質特異性、触媒作用、タンパク質でできている）をまとめさせる。

●本時の評価規準（B規準）

　酵素反応の実験結果から、酵素の基本的な特徴を見いだして表現している。

---

①導入【課題の把握】　　　　　（5分）

本時の流れについて確認する。

まず、皆さんに実験結果を発表してもらってから、酵素の特徴についてまとめます。発表は1グループ2分以内です。役割分担してください。

前回の実験で分かったことを発表しよう。私はタイムキーパーをするね。

私の実験プリントをモニターに映すね。

②展開1【発表】　　　　　（25分）

各グループ1～2分以内で仮説、方法、結果、考察について、簡潔に発表する。

私たちの班は、「カタラーゼは、過酸化水素は分解するが、デンプンは分解しない」という仮説を立てて実験しました。

レバーをデンプンのりに入れて温めても、デンプンは分解しませんでした。

中学校からのつながり

　消化酵素のアミラーゼはデンプンだけを分解する、ペプシンはタンパク質だけを分解するなど、各消化酵素が特定の物質だけを分解することは既に学んでいる。触媒作用についてはここで初めて学ぶ。

ポイント

①導入　発表に入る前に、本時の課題と各グループの発表の方法や制限時間について確認させ、役割分担させる。

②展開1　実験結果と考察の発表をさせる。実験プリントにあらかじめ図や表で記入させておくと、それをそのまま提示装置でモニターやプロジェク

ターで映し出すことができる。また、端末を用いて実験の様子を写真や動画で撮影させておいて、それを映し出してもよい。タイマーを用意しておき、タイムキーパーも決めさせて各グループ1～2分で発表させると間伸びしない。また、他のグループと同じ実験であってもよいことを伝えておく。発表前に静かにして聴く姿勢をつくらせ、発表終了時に拍手させるなど、発表者が発表しやすいような環境をつくることも大切である。生徒が的外れな考察を発表した際などは、後で指摘する。

③展開2　各グループの実験結果から分かる、酵素の基本的な特徴について話し合わせる。ここで「基質特異性」「触媒作用」「タンパク質でできて

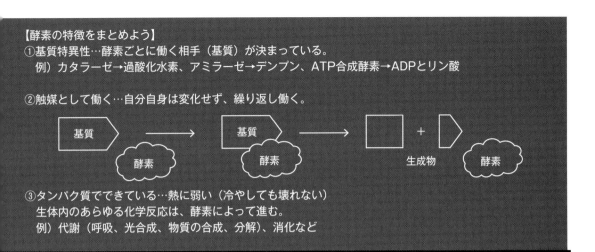

【酵素の特徴をまとめよう】
①基質特異性…酵素ごとに働く相手（基質）が決まっている。
　例）カタラーゼ→過酸化水素、アミラーゼ→デンプン、ATP合成酵素→ADPとリン酸

②触媒として働く…自分自身は変化せず、繰り返し働く。

基質 → | 基質 | → 生成物 ＋ 酵素
　　酵素　　　　酵素

③タンパク質でできている…熱に弱い（冷やしても壊れない）
　生体内のあらゆる化学反応は、酵素によって進む。
　例）代謝（呼吸、光合成、物質の合成、分解）、消化など

③展開2 【課題の探究】　　　　　（10分）
各グループの実験結果から分かる、酵素の基本的な特徴について話し合う。

各グループの実験結果から分かる酵素の特徴について話し合って考えてください。

酵素は、反応する相手が決まっているんじゃないかな？

酵素は、熱に弱いのかな？

酵素は、何回でも働けるのかな？

④まとめ 【課題の解決】　　　　　（10分）
酵素の基本的な特徴（基質特異性、触媒作用、タンパク質であること）について見いだし、生体内のあらゆる反応は酵素で進むことを見いだして表現する。

例えば、過酸化水素が水と酸素に分解されるとき、化学反応式の中にカタラーゼは書きません。触媒は、反応を起こす「道具」であって「材料」ではないので、自分自身は変化しません。

だから、レバーを入れて反応し終わった試験管に過酸化水素水を追加したら、また泡が出たんですね。

いること」が見いだされるような、さまざまな実験結果が出そろっていると理想的だが、実験方法を生徒に考えさせているので、必ずしもそのような実験を行っていないことも想定される。その場合には、追加で演示実験を見せてから考えさせてもよい。
④まとめ　板書やプリントを用いて、酵素の基本的な特徴についてまとめさせる。これまで学習したATPの合成や分解もATP合成酵素によって行われていることに触れ、生体内のあらゆる反応は酵素によって進んでいることを見いださせる。

本時の評価（生徒全員の記録を残す場合）
　実験プリントの記述や、発表成果物などによっ

て評価する。

授業の工夫
　時間に余裕がある場合は、実験の時間をもう1コマ分確保して再実験させたり、発表のスライドやポスターを作成させて発表にもう少し時間をかけたり、相互評価シートを記入させたりすると、探究を深めることができる。

1章　生物の特徴　⑩時　単元の振り返り

知・技
思・判・表
主体的

●本時の目標：　単元を振り返って、生物の特徴についてまとめるとともに、新たな課題に対して主体的に取り組む
●本時で育成を目指す資質・能力：　学びに向かう力、人間性等
●本時の授業構想
　本単元で学んだ生物の特徴について振り返って、ワークシートにまとめさせる。さらに、新たな課題として「風呂場で増える謎の物体」について、生物か非生物かその特徴から考えさせ、生物かどうか確かめる方法についても考察させる。まとめた内容や考察を互いに見せ合ったり、全体発表させたりする。
●本時の評価（Ｂ規準）
　生物の特徴をまとめ、新たな課題に対して主体的に取り組もうとしている。

---

①導入【課題の把握】　　　　　　（5分）

単元「生物の特徴」で学んできたことについて、簡単に振り返る。

> ここまで「生物の特徴」について学んできました。生物の特徴には、どのようなものがありましたか？

> 生物は、共通の祖先から進化してきました。

> 生物は、細胞やDNAをもっています。ATPのエネルギーを利用するのも生物の特徴です。

---

②展開1【課題の探究1】　　　　（25分）

各自やグループで、生物の特徴についてワークシートにまとめる。

> 皆さんに今日配るのは、ほとんど真っ白なワークシートです。ここに、これまで学んだ「生物の特徴」をまとめましょう。箇条書きでもOKです。グループで作業しても、個人で作業してもよいです。20分間取りますね。

> 一人だとなかなか思い出せないから一緒にやろう。

> これまでのノートを振り返ってみよう。

ポイント

①導入　ここまで学習した「生物の特徴」の内容について、どのようなことを行ってきたのか簡単に振り返らせる。教科書の図版や顕微鏡写真、実験を行った時の試験管の写真を映したりして思い出させると、生徒から引き出しやすい。
②展開1　ワークシートを配り、ここまで学んだ「生物の特徴」についての内容をまとめるように指示する。生徒の実態に応じて、プリントの自由度を変える。学習に困難のある生徒が多い場合には、ある程度項目ごとに枠をつくり、用語の穴埋めなども所々入れておくと、生徒がまとめる際のガイドになる。逆に、タイトルと大きな枠が一つ

だけ書いてあるような、ほぼ真っ白なプリントにすると、学習意欲の高い生徒にとっては各自の工夫を凝らすことができてモチベーションが上がる。各自でまとめさせてもよいし、グループで協力させてもよい。ただし、評価に用いるため、作成は各自でさせる。端末に使い慣れている場合は、手書きではなくデジタルで作成させてもよいが、図の作成やデザインなど本質的でない部分に時間を取られがちなので留意させる。
③展開2　風呂場の黒カビやいわゆる「ピンク汚れ」などの写真を提示し、「生物の特徴」で学んだことを生かして、「風呂場で増える謎の物体」について、生物か非生物かを調べるにはどのよう

【生物の特徴についてまとめ、新たな課題に対して取り組もう】

① 「生物の特徴」をワークシートにまとめよう。
・キーワードを四角で囲んだり、矢印を使ったりする（短い言葉で）。
・簡単な図を入れてもOK
・色ペンを使ってもOK
・観察・実験も、簡単にまとめておこう。

② 新たな課題『「風呂場で増える謎の物体」が生物か非生物か』調べる方法を考えよう。
・どのような観察や実験をすれば、これが生物か非生物だとわかるだろうか。
・「根拠を示す」など、その方法が科学的であることを記述しよう。

③ 展開2【課題の探究2】　　　　　（10分）
新たな課題『「風呂場で増える謎の物体」が生物か非生物か』を調べる方法について話し合う。

この写真を見てください。風呂場の片隅に増える謎の物体です。これは生物か、非生物か、どうやったら分かるでしょうか？

顕微鏡で観察してみて、細胞っぽいものが見えたら生物じゃない？

過酸化水素水に入れてみて、泡が発生したら酵素があるってことだよね。

④ まとめ【課題の解決】　　　　　（10分）
記入したワークシートや、生物か非生物か調べる方法について考えたことを発表する。

1枚にまとめてみたら、これまで勉強してきた生物の特徴が、いろいろつながった気がします。

「風呂場で増える謎の物体」が生物かどうか、実際に調べてみてもよいですか？

次回の授業は「遺伝子とその働き」に入ります。謎の物体の実験をしたい人は、今度放課後に生物実験室に来てくださいね。

な観察や実験を行うとよいか話し合わせる。
④まとめ　うまくまとめられているワークシートを数枚、実物投影機でモニターやプロジェクターで映して、それをまとめた生徒に発表させる。まとめ方に迷っている生徒には、他の人のよいアイデアを見ることで参考にさせる。新たな課題「風呂場の謎の物体を調べる方法」についても、挙手させたり各グループで発表させたりして考えたことを共有する。

本時の評価（生徒全員の記録を残す場合）
ワークシートの記述分析で評価する。特に、新たな課題に対して、主体的に考察しようとしているかを評価する。その際、記述内容が正しいかどうかよりも、科学的な探究の過程が示されているかどうかを重視した評価の視点とするとよい。

授業の工夫
ワークシートにまとめる以外にも、教科書の章末コーナーを活用したり、互いに教え合いさせたり、生徒にコンセプトマップをつくらせたりするなど、さまざまな単元の振り返り方がある。生徒の実態に応じた方法を工夫したい。

第1編　生物の特徴
2章　遺伝子とその働き（8時間）

1 単元で生徒が学ぶこと

　生物の特徴についての観察、実験などを通して、遺伝子とその働きについて理解させるとともに、それらの観察、実験などに関する技能を身に付けさせ、思考力、判断力、表現力等を育成することが主なねらいである。

2 この単元で（生徒が）身に付ける資質・能力

知識及び技能	遺伝子とその働きについて、遺伝情報とDNA、遺伝情報とタンパク質の合成を理解するとともに、それらの観察、実験などに関する技能を身に付けること。
思考力、判断力、表現力等	遺伝子とその働きについて、観察、実験などを通して探究し、遺伝子とその働きの特徴を見いだして表現すること。
学びに向かう力、人間性等	遺伝子とその働きに主体的に関わり、科学的に探究しようとする態度と、生命を尊重する態度を養うこと。

3 単元を構想する視点

　この単元は、「遺伝情報とDNA」と「遺伝情報とタンパク質の合成」の二つの小単元からなる。前半では、DNAの構造に関する資料に基づいて、遺伝情報を担う物質としてのDNAの特徴を見いだして理解するとともに、塩基の相補性とDNAの複製を関連付けて理解するように展開する。後半では、遺伝情報の発現に関する資料に基づいて、DNAの塩基配列とタンパク質のアミノ酸配列との関係を見いだして理解するように展開する。

　主要な概念としては、「DNAは2本のヌクレオチド鎖からなり、塩基の相補性により正確な複製ができる」、「DNAは塩基配列という情報をもち、この情報に基づいて転写・翻訳により塩基配列に対応するアミノ酸配列をもつタンパク質が合成される」、「個体を構成する細胞は遺伝的に同一だが、細胞の機能に応じて発現している遺伝子が異なる」ことを理解させることが重要である。

　あらゆる生命現象において、遺伝子及び遺伝子の情報を基に合成されるタンパク質は重要な働きを担っている。この単元で基本的な概念を身に付け、遺伝子やタンパク質という視点で生命現象を考察できるように他の単元ともつないでいけるとよい。

4 本単元における生徒の概念の構成のイメージ図

単元のねらい

遺伝情報を担う物質としてのDNAの特徴を理解し、遺伝情報の複製やタンパク質の合成に関する基本的な概念を獲得する。

DNAの特徴	・DNAはヌクレオチドが多数結合した鎖状の物質なんだね。 ・DNAに含まれる塩基には4種類あり、塩基には相補性があるんだね。 ・塩基の相補性により、DNAは正確に複製されるんだね。
タンパク質の合成	・遺伝情報はDNA→mRNA→タンパク質と伝わっていくんだね。 ・DNAの塩基配列はタンパク質のアミノ酸配列を決めているんだね。 ・細胞ごとに異なる遺伝子が発現することで細胞は分化するんだね。

5 本単元を学ぶ際に、生徒が抱きやすい困り感

DNA、遺伝子、染色体、ゲノム、いろいろあってよく分からない。

細胞周期って何。さらに前期とか中期とか出てきて混乱する。

DNAの塩基配列からタンパク質のアミノ酸配列が決まるってどういうこと?

DNAのことを学習しているのになんで急にタンパク質が出てくるの?関係あるの?

6 本単元を指導するにあたり、教師が抱えやすい困難や課題

DNAの構造なども生徒だけで考えても限界があるので、まずは教師がしっかり教えないといけません。

DNA、遺伝子、ゲノムの違いを何度説明しても理解してもらえません。

光合成
$6CO_2 + 12H_2O →$
$C_6H_{12}O_6 + 6O_2 + 6H_2O$

細胞周期も各時期の名称や登場する細かい用語もとにかく暗記させないと。

タンパク質の重要性なんか分からなくても、遺伝暗号表を使って塩基配列からアミノ酸配列が分かればそれでいいはず。

単元の指導イメージ

DNAって何が大事なの？

DNAの塩基には相補性があるから正確に複製できるぞ！

DNAの塩基配列はタンパク質のアミノ酸配列を決めるから大事なんだ。

なぜ同じ遺伝情報をもつ細胞が異なる性質をもつんだろう？

生物の特徴（全8時間）

時間	単元の構成
1	**生物と遺伝子** DNA、遺伝子、ゲノム
2	**DNA の構造** 二重らせん構造
3	**遺伝情報の複製と分配1** 半保存的複製
4	**遺伝情報の複製と分配2** 細胞周期
5	**体細胞分裂の観察** 探究活動　根端分裂組織の観察
6	**遺伝情報の発現1** 塩基配列とアミノ酸配列
7	**遺伝情報の発現2** セントラルドグマ、転写と翻訳
8	**細胞の分化** 選択的遺伝子発現

本時の目標・学習活動	重点	記録	備考（★教師の留意点、〇生徒のB規準）
DNA、遺伝子、染色体、ゲノムの関係性を理解する。	知		★「書籍」や「ビデオテープ」など、記録媒体とそこに記録された情報を説明する「例え」が有効である。
DNAの構造に関する資料に基づいて、遺伝情報を担う物質としてのDNAの特徴を見いだして表現する。	思	〇	★必要最低限の説明にとどめる。 〇DNAの構造に関する資料に基づいて、DNAの特徴を見いだして表現している。（記述分析）
塩基の相補性から、どのようにDNAが正確に複製されるのか考察し理解する。	思		★DNAの相補性とは何かなど、考えるために必要な知識については適宜確認する。
細胞周期の間期にDNAの複製が行われ、分裂期にDNAが等しく分配され、結果としてどの細胞でも同じ遺伝情報をもつことを理解する。	知		★細かい用語の説明に時間をかけるのではなく、主要な概念の理解に時間をかける。
分裂組織を顕微鏡で観察し、学習した内容を基に、間期の細胞と分裂期の細胞を区別しようとする。	態	〇	〇学習した内容を基に、間期の細胞と分裂期の細胞を区別しようとしている。（記述分析、行動観察）
DNAの塩基配列とタンパク質のアミノ酸配列が示された資料を基に、それらの関係を見いだして表現する。	思	〇	★まずは生徒自身が考えることに時間をかける。 〇DNAの塩基配列とタンパク質のアミノ酸配列が示された資料を基に、それらの関係を見いだして表現している。（記述分析）
転写、翻訳の仕組みを理解し、DNAの塩基配列からmRNAの塩基配列、タンパク質のアミノ酸配列へと情報を変換することができる。	知		★情報の変換ができるようになるだけでなく、タンパク質の重要性とともにその意味も考えさせる。
個体を構成する細胞は遺伝的に同一だが、細胞の機能に応じて発現している遺伝子が異なることを理解する。	知	〇	★用語の暗記ではなく概念の理解を問う論述形式の確認テストを実施する。 〇細胞は遺伝的に同一だが、細胞の機能に応じて発現している遺伝子が異なることを理解している。（記述分析）

2章　遺伝子とその働き　①時　生物と遺伝子

知・技
思・判・表
主体的

●本時の目標：　DNA、遺伝子、染色体、ゲノムの関係性を理解する。
●本時で育成を目指す資質・能力：　知識及び技能
●本時の授業構想
　中学校での既習事項を教師からの発問を中心に確認させた上で、生物基礎で学習するDNA、遺伝子、染色体、ゲノムという用語を中心に基本となる概念を整理させる。概念としては、「情報を記録する媒体」がDNAという物質であり、「記録された情報」が遺伝子であるということを獲得し、以降の学習につなげたい。
●本時の評価規準（Ｂ規準）
　DNA、遺伝子、ゲノム、染色体のそれぞれの説明文がどの用語に対応しているかを理解している。

①導入【既習事項の確認】　　　（5分）
中学校で学習した内容を想起する。

中学校では「遺伝」や「遺伝子」についてどのようなことを学習したか思い出してみましょう。

親の性質が子に伝わるのが「遺伝」だったよね。

遺伝子の本体はDNAだということも学習したわ。

遺伝子は染色体に存在するというのも学習したと思う。

②展開1【課題の把握】　　　（5分）
単元の概要と本時の課題を確認する。

この単元では、遺伝子の働きについて学習していきます。DNAという物質にも着目します。

まずは、確認しておきたい用語や概念について学習していきます。

資料を見ながら、DNA、遺伝子、染色体、ゲノムの関係性を整理してみましょう。

中学校からのつながり
　中学校では、生物は親から遺伝子を受け継ぎ、遺伝子は世代を超えて伝えられること、遺伝子の本体がDNAという物質であることについて学習している。

ポイント
①導入　中学校で学習した「遺伝」や「遺伝子」に関する内容を生徒から挙げてもらう。生徒がこの単元の学習内容に関してどの程度の知識をもっているかを把握し、本単元の学習につなげていく。
②展開1　この単元の概要を示し、本時の課題につなげる。本時の課題は、「DNA、遺伝子、染色体、ゲノムの関係性を整理する」である。資料と

して、ワークシートを提示する。図は教科書のものでよいが、必要に応じて別の資料も提示する。
③展開2　ワークシートにグループで取り組む。生徒にとって分かりにくい概念を含むので、机間巡視をしながら生徒のつまずきを把握する。グループワークでは、多くの生徒が共通してつまずいているような内容があった場合には、全体に対してごく短い講義を挿入することで良い足場かけになることがある。逆に、あるグループには必要な足場かけであるが、別のグループでは逆に思考を妨げるものもあるので、その場合には個別対応を行う。
④まとめ　グループで対話した内容をいくつか発

＜中学校で学習した内容＞
・遺伝とは、親の性質が子に伝わること

・遺伝子の本体はDNAという物質

・遺伝子は染色体に存在

＜今日のテーマ＞
DNA、遺伝子、染色体、ゲノムの関係性を整理
しよう。

＜話し合いのまとめ＞
DNA：遺伝情報を担う物質

遺伝子：親から子に伝えられ、生物の形や性質
を決めるもの

染色体：DNAを含む構造体

ゲノム：ある生物のもつ全遺伝情報

DNAは遺伝情報を担う「物質」
遺伝子は、DNAに存在する「情報」

③展開2【課題の探究】　　　　　（20分）
資料に基づき、グループで対話しながら課題に対する考えを整理していく。必要に応じて教師からサポートを受ける。

DNAは染色体を構成するんだね。

ゲノムは、遺伝情報全体のことみたいだ。

遺伝子はDNAの上に存在するんだ。

DNAは「物質」ですね。そして、そのDNAには遺伝子という「情報」が存在しています。

④まとめ【課題の解決】　　　　　（20分）
グループでまとめた考えを共有し、それに対するフィードバックと解説で確認する。最後に、振り返りシートを記入する（確認テストも含む）。

ゲノムと染色体の違いがよく分かりませんでした。

ある生物がもつすべての種類の染色体を合わせたものがゲノムと考えてください。

表してもらい、それに対して教師からフィードバックを行う。必要があれば補足で講義を行い、課題に対しての解を整理する。最後に、確認テストを含む振り返りシートを記入させる。確認テストの状況や振り返りシートでの記載内容から、生徒のつまずきを把握できるとよい。

本時の評価（指導に生かす場合）

　本時では総括的評価につながる評価は実施しない。形成的評価として確認テストを含む振り返りシートを記入してもらい、DNA、遺伝子、染色体、ゲノムの関係性について生徒の理解度を確認した上で適切なフィードバックを行う。

授業の工夫

　DNA、遺伝子、染色体、ゲノムの関係性を理解しやすくするために「例え」が有効である。例えば、「ドラマの映像を記録したビデオテープ」に例えると、テープがDNA、記録された個別の映像が遺伝子、カセットとテープが一体化したものが染色体、ドラマ全話分の情報がゲノムといったようになる。

2章　遺伝子とその働き ②時　DNAの構造

知・技
思・判・表
主体的

●本時の目標：　DNAの構造に関する資料に基づいて、遺伝情報を担う物質としてのDNAの特徴を見いだして表現する。
●本時で育成を目指す資質・能力：　思考力、判断力、表現力等
●本時の授業構想
　　DNAの構造の特徴について理解を深める授業である。DNAの構造を見て、どのような特徴をもつ物質かを対話から生徒自身が気付くということが最も重要である。概念としては、「DNAのもつ遺伝情報とは塩基配列のことである」「塩基には4種類あり、AとT、GとCが相補的な塩基対を形成する」ということを獲得させたい。
●本時の評価規準（B規準）
　　DNAの構造に関する資料に基づいて、DNAの特徴を見いだして表現している。

---

①導入【前時確認と課題の把握】（5分）
前時の学習内容と本時の課題を確認する。

DNAと遺伝子はどんな関係でしたか？

DNAという物質には、遺伝子が存在していました。つまり、DNAは遺伝子の本体ということです。

今日は、DNAという物質がどのような特徴をもっているのかについて学習していきます。

②展開1【必要な情報の確認】（5分）
DNAの構造の特徴を考察するために必要となる情報を確認する。資料を基に、グループワークの課題を行うことを確認する。

これから、DNAの構造についてグループで考察してもらいますが、まずは予備知識として必要なことを確認しましょう。

今、皆で確認した内容をふまえて、DNAという物質がどのような特徴をもっているのか、資料を使ってグループで考えてもらいます。

中学校からのつながり
　中学校では、遺伝子の本体がDNAという物質であることについて学習している。

ポイント
①導入　前時の学習内容である、DNAには遺伝子が存在し、遺伝情報を担う物質であることを確認させる。その後、本時の課題（DNAにはどのような特徴があるのだろうか）を提示する。
②展開1　資料を提示し、DNAの構造の特徴を考察するために必要となる内容を説明する。具体的には、DNAはヌクレオチドが多数結合してできている物質であること、ヌクレオチドは糖、リン酸、塩基という部分から成ることを説明する。

その際、この後のグループワークで考察するための準備であり、必要以上の情報を提示しないように気を付ける。具体的には、塩基にのみ種類があることやその並び方が情報であるということは生徒に考察させたい内容であるので事前に説明はしない。
③展開2　資料に基づき、グループで対話しながら課題に対する考えを整理させる。ここでは特に塩基配列というDNAのもつ情報の存在や塩基の相補性に気付けるかが重要である。必要に応じて、「DNAのどこに情報があるのか」、「塩基同士の結合に規則性はないか」という問いかけをすることも重要である。

<前回の復習>
・DNAは遺伝情報をもつ物質である。

・DNAには遺伝子が存在する。

<今日のテーマ>
DNAという物質はどのような特徴をもっているのか？

<グループワークの前の予備知識>
・DNAはヌクレオチドという物質が多数結合してできている物質である

・ヌクレオチドは糖、リン酸、塩基という部分からなる。

<グループワークのまとめ>
・ヌクレオチドは糖とリン酸が結合して鎖状につながっている。

・塩基にはA、T、G、Cの4種類ある。

・2本のヌクレオチド鎖が塩基の部分で結合している。

・塩基は鎖の内側に並んでいる
→この「塩基配列」が「遺伝情報」となっている。

・塩基同士は、AとT、GとCという決まったペアで結合している。
→これを「塩基の相補性」という。

---

③展開2【課題の探究】　　　　　　（25分）
資料に基づき、グループで対話しながら課題に対する考えを整理していく。

塩基には4種類あるみたい。これが鎖の内側に並んでいるね。

糖とリン酸で鎖ができているね。

2本の鎖が合わさっているね。

DNAのどこに「情報」があるでしょうか？
塩基同士が結合していると思いますが、何か規則性はないでしょうか？

④まとめ【課題の解決】　　　　　　（15分）
グループでまとめた考えを共有し、それに対するフィードバックと解説で確認する。最後に、振り返りシートを記入する（確認テストも含む）。

塩基は4種類あり、その並び方が「情報」ではないかと考えました。

その通りです。塩基の並び方を「塩基配列」といいます。

2本の鎖は塩基のところで結合していて、必ずAとT、GとCになっています。

その通りです。それを「塩基の相補性」といいます。

---

④まとめ　グループで対話した内容をいくつか発表してもらい、それに対して教師からフィードバックを行う。必要があれば補足で講義を行い、課題に対しての解を整理する。最後に、確認テストを含む振り返りシートを記入させる。確認テストの状況や振り返りシートでの記載内容から、生徒のつまずきを把握できるとよい。

本時の評価（生徒全員の記録を残す場合）

　グループワークで取り組んだワークシートを回収し、総括的評価につなげる。生徒達が考察した内容と、まとめにおける教師の解説が区別できるようにしておく。難しいようであれば、まとめの前にワークシートを回収する。振り返りシートは形成的評価として実施する。

授業の工夫

　「DNAの二重らせん構造」が「20世紀最大の発見」といわれるほどインパクトのあることだと紹介し、なぜこれがそれほど大きな意味をもつのかを考えさせてもよい。また、「遺伝子」として必要な要素（安定である、複製できる、情報をもつ）を考えさせ、DNAの構造と比較するのも面白いだろう。

2章　遺伝子とその働き ③時　遺伝情報の複製と分配1

知・技

思・判・表

主体的

●本時の目標：　塩基の相補性とDNAの複製を関連付けて理解する。
●本時で育成を目指す資質・能力：　思考力、判断力、表現力等
●本時の授業構想
　　塩基の相補性を利用してDNAが複製されるということを理解する授業である。生徒自身が、既習事項を基に、塩基の相補性とDNAの複製の関係について関連付けて、複製の仕組みに気付くということが重要である。「２本鎖が１本鎖に分離し、相補的な塩基配列をもつヌクレオチド鎖がつくられることで複製される」という半保存的複製の仕組みを理解させたい。
●本時の評価規準（B規準）
　　DNAが半保存的複製により複製されているということを理解している。

---

①導入【前時確認と課題の把握】（5分）

前時の学習内容と本時の課題を確認する。

> DNAの構造はどうなっていましたか？

> 糖とリン酸が結合して長い鎖となっており、２本の鎖が相補的な塩基により結合していました。

> 実は、この構造を発見したワトソンとクリックは、「これならばある仕組みで複製ができる」と気付いていました。今日は「DNAはどのように複製されるのか？」について考えていきましょう。

②展開１【資料の確認】（10分）

資料を確認する。資料の解説を聞いた上で、課題に対して個人で考える。

> これから、DNAがどのように複製されるのか、その仕組みについて考察してもらいます。

> この資料では、ヌクレオチド鎖の糖とリン酸の部分を省略し塩基配列のみを示しています。最初の２本鎖が複製されて全く同じ２本鎖が二つできています。この間に何が起きたのか考えてみましょう。

ポイント

①導入　前時の学習内容であるDNAの構造について確認させる。ワトソンとクリックがDNAの二重らせん構造を発表した論文で「この構造が分かればDNAの複製の仕組みも分かるはず」という旨の記載をしていることを紹介し、本時の課題（DNAはどのように複製されるのか）を提示する。
②展開１　資料を提示し、その資料の図について解説をする。前時では、糖やリン酸も含めてある程度の情報が含まれるモデル図でDNAの構造を見てきているが、ここでは塩基配列の情報さえあれば考察できるので、省略していることを伝え、前時のモデル図との対応関係を説明する。その後、

まずは個人でDNAの複製の仕組みについて考察させる。
③展開２　資料に基づき、グループで対話しながら課題に対する考えを整理させる。ここでは、特に塩基の相補性により片方の鎖の塩基配列からもう片方の鎖の塩基配列を決めることができるということに気付けるかが重要である。また、複製に当たって、２本鎖が１本鎖になるというプロセスに気付くことも必要となる。
④まとめ　グループで対話した内容をいくつか発表してもらい、それに対して教師からフィードバックを行う。必要があれば補足で講義を行い、課題に対する解を整理する。最後に確認テストを

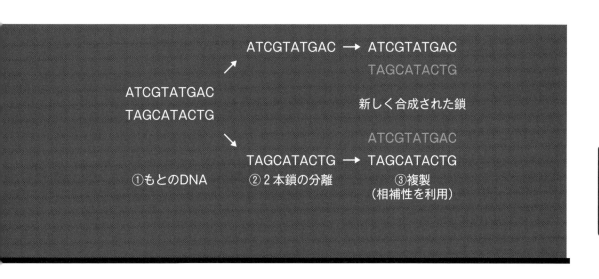

ATCGTATGAC → ATCGTATGAC
TAGCATACTG

ATCGTATGAC
TAGCATACTG

新しく合成された鎖

ATCGTATGAC
TAGCATACTG → TAGCATACTG

①もとのDNA　②2本鎖の分離　③複製
　　　　　　　　　　　　　　（相補性を利用）

③展開2 【課題の探究】 （20分）

資料に基づき、グループで対話しながら課題に対する考えを整理していく。

塩基の相補性が関係していそう。

複製するために、まずは2本鎖を1本鎖にするといいのではないかな？

バラバラにしたら困るんじゃない？

DNAの1本鎖の塩基配列の情報から、もう片方の鎖の塩基配列を推測することはできないでしょうか？

④まとめ 【課題の解決】 （15分）

グループでまとめた考えを共有し、それに対するフィードバックと解説で確認する。最後に、振り返りシートを記入する（確認テストも含む）。

2本鎖は、1本鎖に分離します。それから、それぞれの塩基と相補的な塩基をもつヌクレオチドが結合すれば、もとの2本鎖と全く同じ配列をもつ新たな2本鎖ができます。

素晴らしい考察ですね。このような複製の様式を「半保存的複製」といいます。新しくできた2本鎖には、もとの2本鎖にあった1本鎖がそのまま残っているので、このような名前になっています。

含む振り返りシートを記入させる。確認テストの状況や振り返りシートでの記載内容から、生徒のつまずきを把握できるとよい。

本時の評価（指導に生かす場合）

　本時では総括的評価につながる評価は実施しない。形成的評価として確認テストを含む振り返りシートを記入してもらい、DNAの複製について塩基の相補性と関連付けて理解できているかを確認した上で、適切なフィードバックを行う。

授業の工夫

　発展的に、どのようにすれば半保存的複製が起きていることを証明できるかを考えさせ、半保存的複製を証明した実験を紹介してもよいだろう。

また、「DNAは正確に複製される」ことを学習したが、もしも正確な複製が続いた場合にどのような問題があるかを考えさせ、進化の仕組みの考察につなげることもできる。

2章　遺伝子とその働き　④時　遺伝情報の複製と分配2

●本時の目標：　細胞周期の間期にDNAの複製が行われ、分裂期にDNAが等しく分配され、結果としてどの細胞でも同じ遺伝情報をもつことを理解する。

●本時で育成を目指す資質・能力：　知識及び技能

●本時の授業構想

　　DNAの複製と分配を細胞周期と関連させて理解する授業である。教師による講義が中心になってしまうが、内容理解ができているかの確認のためにグループワークを入れている。概念としては、「細胞分裂の際に、DNAの正確な複製と分配が起こる」ということや「ヒトではどの細胞も同じ遺伝情報をもつ」ということを理解させたい。

●本時の評価規準（B規準）

　　細胞周期におけるDNAの複製と分配について理解している。

・本時の課題

細胞周期とDNAの複製と分配はどのように関係しているのだろうか。

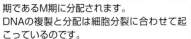

---

①導入【学習内容の確認】　　　　（5分）

前時の学習内容と本時の学習内容を確認する。

DNAはどのように複製されていましたか？

「半保存的複製」という仕組みで正確に複製されていました。

前回、DNAが正確に複製される仕組みを学習しましたが、それを正確に2個の細胞に分配することも重要です。今日は、これに関係する「細胞周期」について学習していきましょう。

②展開1【細胞周期の解説】　　　　（10分）

細胞周期とは何かを確認する。細胞周期とDNAの複製・分配についても確認する。

細胞周期とは、細胞分裂が終わってから次の細胞分裂が終了するまでの周期のことをいいます。

細胞周期には、間期と分裂期（M期）があります。間期はさらにG₁期、S期、G₂期があります。DNAは間期のS期に複製され、分裂期であるM期に分配されます。
DNAの複製と分配は細胞分裂に合わせて起こっているのです。

中学校とのつながり

　中学校では、体細胞分裂の簡単な過程について観察をもとに学習している。

ポイント

①導入　前時に学習した半保存的複製について確認させる。その後、本時の学習内容（DNAは正確に複製されるだけではなく、正確に分配されること）を提示する。

②展開1　資料を提示し、「細胞周期の間期のS期にDNAが複製され、分裂期であるM期に分配されること」、「G₁期とG₂期はその間にある時期であること」を説明する。M期の染色体が分配される詳しい仕組みを前期・中期・後期・終期と関

連させて詳細に扱うことはしない。DNAの複製と分配が繰り返して行われるという概念の獲得が重要である。

③展開2　細胞周期におけるDNA量の変化について、グループで対話しながら考えを整理させる。S期にDNAの複製が起こるということからDNA量が増えるということが分かり、M期にDNAの分配が起こるということから、DNA量が減るということが分かる。ただし、生徒は体細胞分裂の過程を染色体の動きも含めて詳細に学習していないので、M期最後の細胞質分裂完了の瞬間に半減するところまでは発想できないと思われる。

④まとめ　グループで対話した内容をいくつか発

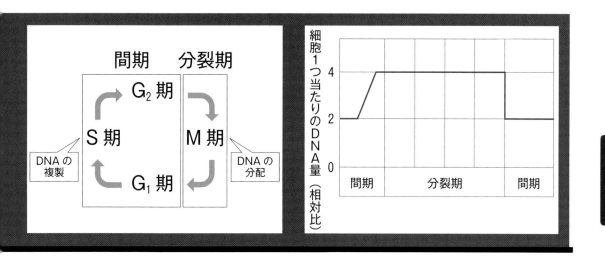

③展開 2 【課題の探究】　　　　　　　（20分）
グループで対話しながら課題に対する考えを整理していく。

細胞周期の各時期ではDNA量がどのように変化するか考えてみましょう。

S期に複製されるのだから、ここでDNA量は増えるはず。

それから、分配はM期だったから、ここで減るのかな？

細胞あたりのDNA量だから、分裂が終わるまでは減らないんじゃないかな？

④まとめ 【課題の解決】　　　　　　　（15分）
グループでまとめた考えを共有し、それに対するフィードバックと解説で確認する。どの細胞も同じ遺伝情報をもつことを理解する。最後に、振り返りシートを記入する（確認テストも含む）。

S期に２倍に増えます。分配はM期なので、ここでもとに戻ると思ったのですが、グラフにするとどうなるかよく分かりませんでした。

M期の最後、分裂が完了する瞬間に細胞が2個になるので、そこでDNA量は半分になります。

このように、DNAの正確な複製と分配が起こるので、ヒトではどの細胞も同じ遺伝情報をもつことになります。

表してもらい、それに対して教師からフィードバックを行う。必要があれば捕足で講義を行い、課題に対しての解を整理する。その後、DNAの正確な複製と分配が起こることで、ヒトではどの細胞も同じ遺伝情報をもつことを説明する。最後に、確認テストを含む振り返りシートを記入させる。確認テストの状況や振り返りシートでの記載内容から、生徒のつまずきを把握できるとよい。

本時の評価（指導に生かす場合）

　本時では、形成的評価として確認テストを含む振り返りシートを記入してもらい、細胞周期とDNAの複製と分配はどのように関係しているのかについて、生徒の理解度を確認した上で、適切

なフィードバックを行う。

授業の工夫

　がんという疾患は、細胞周期の制御ができなくなり異常に細胞分裂を続けてしまうものであることをリテラシーとして伝えておきたい。また、染色体の分配（即ちDNAの分配）に不具合があると、染色体不分離が起き、ダウン症候群などにつながることを紹介することもできる。紹介する際、偏見・差別につながらないような配慮が必要である。

2章 遺伝子とその働き ⑤時 体細胞分裂の観察
（探究活動）

知・技
思・判・表
主体的

●本時の目標： 分裂組織を顕微鏡で観察し、学習した内容をもとに、間期の細胞と分裂期の細胞を区別しようとする。

●本時で育成を目指す資質・能力： 学びに向かう力、人間性等

●本時の授業構想

　既習事項の確認のための観察ではあるが、生徒自身が考える場面で、可能な限り探究的な扱いを目指したい。また、評価は作業及び考察で粘り強い取組をしているか、学習の調整が見られるかを取組の様子や振り返りシートの記述等で見取る。

●本時の評価規準（B規準）

　学習した内容をもとに、間期の細胞と分裂期の細胞を区別しようとしている。

---

①導入【既習事項の確認と課題と作業内容の提示】　　　　　　　　（5分）

細胞周期に関する学習内容を確認する。本時の課題と作業内容を確認する。

> 細胞周期のS期でDNAが複製され、M期に分配されていました。

> それでは、今日は実際に間期と分裂期の細胞を顕微鏡で観察し、それぞれどのように見えるか確認してみましょう。

> 固定してある根の先端の組織を渡します。解離・押しつぶしをしてから染色し、顕微鏡で観察してみましょう。

---

②展開1【プレパラートの作成】（15分）

観察のためのプレパラートを作成する。

> それでは、解離・押しつぶしをして染色してみましょう。

> 塩酸につけて解離をしよう。

> 押しつぶしをすることで、細胞を観察しやすくなるんだね。

> 酢酸オルセインで染色すると染色体が見やすくなるね。

中学校からのつながり

中学校では、細胞は分裂によって殖えること、体細胞分裂の過程には順序性があることについて学習している。

ポイント

①導入　体細胞分裂の観察に当たり、DNAの複製と分配について細胞周期と関連付けて確認させる。その上で、「間期の細胞と分裂期の細胞を顕微鏡で観察するとどのような違いが見られるか」という課題を提示し、作業内容について説明する。操作手順の説明では、操作の意味も伝える。また、なぜ根の先端を使うのかについても伝える。材料や方法についても理由を考えさせるとよい。

②展開1　グループごとに作業を進めさせる。塩酸など、扱いに注意が必要なものもあるので、教師は特に安全面に留意して全体を見て、必要な指示を出す。

③展開2　実際に顕微鏡で細胞を観察し、間期と分裂期の特徴について考察させる。基部に近い部分を観察すると分裂期の細胞がきれいに観察できないこともあるため、分裂期の細胞を観察できているかを確認できるとよい。教師が答えを提示するのではなく、できる限り生徒に考えさせる。考察が進まないようであれば、「分裂期のときには何が起きているか。そのとき、染色体はどうなっているか。」などの問いかけで考えを引き出せる

使用する材料：タマネギの根

<操作①：固定>
・根の先端を先端から1cm程度で切り取り固定液に15分浸す。
<操作②：解離>
・根を水洗し、60℃の4%塩酸に1分浸す。
<操作③：押しつぶし>
・根を水洗し、スライドガラス上で2mm程度を切って残し、柄付き針の先端でたたいて広げる。
<操作④：染色>
・酢酸オルセインで染色し、カバーガラスをかけて観察する。

【間期の細胞と分裂期の細胞の違い】
・間期の細胞は、染色体が核全体に広がっているので、核全体が染色される。
・分裂期の細胞は、染色体が太く短くなっているので、染色体がひも状になって見える。

【本日の振り返り】
・うまくいったこと
・自分が貢献できたこと
・工夫したこと、試行錯誤したこと
・残された課題とそれに対してやってみたいこと

---

③展開2【細胞の観察】　　　　　（20分）
細胞を観察し、間期と分裂期の細胞の特徴について考察する。

間期の細胞と分裂期の細胞にはどのような違いがあるでしょうか？

核全体が染色されている細胞があるね。

ひものようなものが染色されているものある。これが分裂期の細胞じゃないかな？

ひものようなものが引っ張られているように見えるものもあるよ。

④まとめ【課題の解決】　　　　　（10分）
グループでまとめた考えを共有し、それに対するフィードバックと解説を確認する。活動内容を振り返り、振り返りシートに記入する。

分裂期には染色体が太く短くなるはずなので、ひものように見えているものが分裂期の細胞だと思います。

そうですね。分裂期では染色体が並べられているところや、引っ張られて分かれていくところも観察できましたね。

今日の活動にどのように取り組めたか振り返ってみましょう。特に、自分が貢献できたことや工夫できたことを振り返りましょう。

とよい。
④まとめ　グループで対話した内容をいくつか発表してもらい、それに対して教師からフィードバックを行う。「分裂期には染色体が太く短くなるので、間期の細胞と区別できる」ことが理解できていればよいので、必ずしも、分裂期の前期・中期・後期・終期を区別できなくてもよいが、生徒の実態に合わせて発展的に扱ってもよい。

本時の評価（生徒全員の記録を残す場合）
　活動の様子の見取りと振り返りシートの記載内容から「主体的に学習に取り組む態度」の観点で評価する。「貢献できたこと」などで「粘り強い取組」について見取り、「工夫したこと」などで「学習の調整」について見取る。記載内容から、生徒のつまずきを把握できるとよい。

授業の工夫
　観察できた細胞の数が分裂期の方が少ないことから間期に比べて分裂期の時間は短いことを考察させてもよい。また、この前提として「細胞が同調分裂していない」ということがあるので、もし細胞が同調分裂しているとどうなるか考察させてもよいだろう。また、実際に根の細胞を固定する時間帯によって分裂期の細胞の割合に差が見られるかなどについて探究することもできる。

2章　遺伝子とその働き ⑥時　遺伝情報の発現 1

知・技
思・判・表
主体的

●本時の目標：　DNAの塩基配列とタンパク質のアミノ酸配列との関係を見いだして表現する。
●本時で育成を目指す資質・能力：　思考力、判断力、表現力等
●本時の授業構想
　　DNAの「塩基配列」という情報がタンパク質の「アミノ酸配列」という情報に変換させる仕組みについて考え、規則性を生徒自身が見いだす。前提として、タンパク質の重要性を確認し、DNAはタンパク質の設計図になっているから重要であることも確認しておく。
●本時の評価規準（B規準）
　　DNAの塩基配列とタンパク質のアミノ酸配列が示された資料を基に、それらの関係を見いだして表現している。

---

①導入【課題の把握１】　　　　　　（5分）
タンパク質の重要性を確認する。

> タンパク質は生命現象の主役といってもいい重要な物質です。これまでの学習ではタンパク質について何を学びましたか？

> さまざまな化学反応を触媒する酵素がタンパク質でできていました。

> そうですね。酵素だけではなく、酸素を運ぶヘモグロビンや筋肉の収縮に関係するアクチンやミオシンなど、いろいろなタンパク質がいろいろな働きをもっています。

---

②展開1【課題の把握２】　　　　　（10分）
DNAとタンパク質の関係を確認してから、本時の学習内容を確認する。

> タンパク質はDNAの遺伝情報をもとにつくられます。DNAがもつ情報はどんなものでしたか？

> 4種類の塩基の並び方、塩基配列だと思います。

> DNAのもつ塩基配列という情報が、タンパク質のアミノ酸配列の情報に変換されるのですが、今日はその仕組みについて学習しましょう。

中学校とのつながり
　中学校では、消化・吸収の際にタンパク質はアミノ酸へと分解されることを学んでいる。

ポイント
①導入　タンパク質の重要性について、既習事項も活用しながら確認させる。酵素の話などを思い出させるとよい。酵素以外にもヘモグロビンなどいくつかの例を挙げるとよいだろう。その際、タンパク質は「食べ物に含まれる栄養成分」というイメージが強いと思うので、「働きをもつ物質」というイメージを具体例も挙げながら強調したい。
②展開1　DNAがタンパク質の設計図であることを確認し、塩基配列という情報をアミノ酸配列という別の情報に変換する必要性を伝える。その仕組みを考えるのが本時の課題であることを伝える。
③展開2　ワークシートを配布し、DNAの塩基配列がどのようにタンパク質のアミノ酸配列に変換されるのか、グループで対話しながら考えを整理させる。話し合いが進まないようであれば、「示されている塩基とアミノ酸の数を数えて考えてみよう」などの問いかけで足場かけをするとよい。塩基三つがアミノ酸一つに対応していることに気付けたら、「同じ塩基三つ組」や「同じアミノ酸」に着目させてさらに考えを深めていけるとよい。

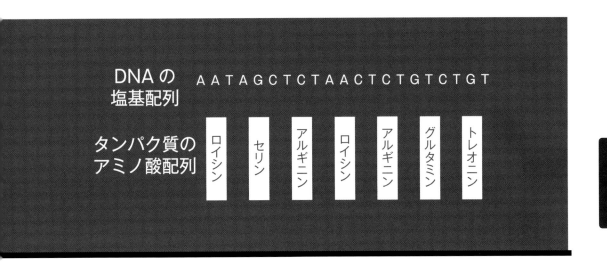

DNAの塩基配列　AATAGCTCTAACTCTGTCTGT

タンパク質のアミノ酸配列　ロイシン　セリン　アルギニン　ロイシン　アルギニン　グルタミン　トレオニン

③展開2【課題の探究】　（20分）

グループで対話しながら課題に対する考えを整理していく。

塩基の数とアミノ酸の数はけっこう違うよ。

塩基が何個かで一つのアミノ酸に対応しているのかも？

じゃあ、数を数えてみればいいかな？

塩基三つでアミノ酸に対応していそうですね。同じ塩基三つであれば、対応しているアミノ酸も同じですか？

④まとめ【課題の解決】　（15分）

グループでまとめた考えを共有し、それに対するフィードバックと解説で確認する。最後に、振り返りシートを記入する（確認テストも含む）。

塩基三つが、決まったアミノ酸一つに対応しているので、塩基配列からアミノ酸配列に変換できると考えました。

その通りです。タンパク質を構成するアミノ酸は全部で20種類あり、その並び順がDNAの塩基配列で決められています。

次回は詳しい仕組みについて学習していきます。

④まとめ　グループで対話した内容をいくつか発表してもらい、それに対して教師からもフィードバックを行う。必要があれば捕足の講義を行い、課題に対しての解を整理させる。その後、塩基三つでアミノ酸一つに対応していることなどを確認させる。最後に、確認テストを含む振り返りシートを記入させる。確認テストの状況や振り返りシートの記載内容から、生徒のつまずきを把握できるとよい。

本時の評価（生徒全員の記録を残す場合）

　グループワークで取り組んだワークシートを回収し、総括的評価につなげる。生徒達が考察した内容と、まとめにおける教師の解説を区別できる

ようにしておく。難しいようであれば、まとめの前にワークシートを回収する。振り返りシートは形成的評価として実施する。

授業の工夫

　「暗号解読」という切り口での導入ができるとよい。暗号解読のポイントとして「文字列を区切る」「区切ったものを別の情報に変換していく」という要素があることが示せるとよい。暗号の例示としては、モールス信号や「11→あ　12→い」など、数字を50音に変換するポケベルで使用されていた変換などが考えられる。

2章　遺伝子とその働き　⑦時　遺伝情報の発現2

・本時の課題

転写・翻訳とはどのような過程か。

知・技
思・判・表
主体的

●本時の目標：　転写、翻訳の仕組みを理解し、DNAの塩基配列からmRNAの塩基配列、タンパク質のアミノ酸配列へと情報を変換することができる。

●本時で育成を目指す資質・能力：　知識及び技能

●本時の授業構想

　前時で学習したDNAの塩基配列がタンパク質のアミノ酸配列に変換される仕組みを転写と翻訳に分けて詳しく学習する。講義を聞いた後にワークシートの課題にグループで取り組むことによって生徒間の学び合いでつまずきを解消できるようにする。

●本時の評価規準（B規準）

　DNAの塩基配列と遺伝暗号表から、どのようなアミノ酸配列になるかが分かる。

①導入【前時確認と学習内容の確認】
（5分）

前時と本時の学習内容を確認する。

> DNAの塩基配列はどのようにタンパク質のアミノ酸配列に変換されていましたか？

> 塩基三つがアミノ酸一つに対応することで情報が変換していました。

> 今日は、この情報変換の仕組みをより詳しく学習していきます。具体的には、転写と翻訳という二つの仕組みについて学習をしていきます。

②展開1【転写・翻訳に関する講義】
（15分）

転写とは何か、また翻訳とは何かを理解する。

> DNAの塩基配列の情報は、mRNAという物質の塩基配列に変換されます。これを転写といい、相補的な塩基配列になります。

> mRNAの塩基配列を三つずつ区切り、遺伝暗号表に従ってアミノ酸配列に変換されます。これを翻訳といい、tRNAがアミノ酸を運んできます。

ポイント

①導入　前時の内容である「DNAの塩基配列が、塩基三つがアミノ酸一つに対応することでタンパク質のアミノ酸配列に情報が変換される」ということを確認させ、本時は転写と翻訳について学習していくことを伝える。

②展開1　転写と翻訳に関する基本事項について講義を行う。転写の解説を行う際に、RNAという分子が、DNAと非常によく似たヌクレオチド鎖であることや、塩基にはTではなくUが含まれ、AとUが相補的な塩基であることなども伝える。翻訳の解説では、遺伝暗号表の使い方やtRNAの役割についても伝える。

③展開2　本時の学習内容を活用して、提示されたDNAの塩基配列から、どのようなアミノ酸配列のタンパク質ができるか、グループで対話しながら考えを整理していく。転写によりできたmRNAの配列が正しいものになっているか、mRNAの配列を三つずつ区切ることができているか、遺伝暗号表が正しく使えているかなど、いくつかのチェックポイントがあるので、生徒の様子を見ながら、必要に応じて足場かけを行うとよい。

④まとめ　課題の答えを提示し、解説を行う。グループワークで多く見られる間違いがあった場合には、その部分を重点的に解説する。課題の解説

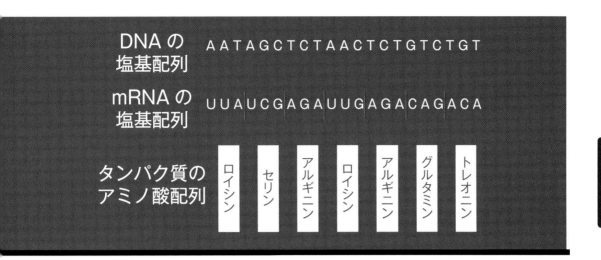

③展開2 【課題の探究】　　　　　（15分）

グループで対話しながら課題に対する考えを整理していく。

与えられたDNAの塩基配列からどんなアミノ酸配列のタンパク質ができるか考えてみましょう。

まずは転写について考えよう。

mRNAの配列に変換できた。三つずつ区切るんだね。

遺伝暗号表を見れば、対応するアミノ酸が分かるよ。

④まとめ 【課題の解決】　　　　　（15分）

課題の解説を確認する。生物の共通性について理解する。最後に、振り返りシートを記入する（確認テストも含む）。

転写によりできたmRNAの塩基配列と翻訳によりできたタンパク質のアミノ酸配列はこうなります。

このような情報の流れをセントラルドグマといいます。これは、すべての生物に共通の仕組みです。こうしてDNAの遺伝情報からさまざまな生命活動を担うタンパク質がつくられるのです。

の後に、転写・翻訳の仕組みがすべての生物で共通であることを伝え、「生物の共通性」の単元と関連付ける。また、タンパク質の重要性と、その設計図であるDNAの重要性についても改めて確認しておく。最後に確認テストを含む振り返りシートを記入させる。確認テストの状況や振り返りシートでの記載内容から、生徒のつまずきを把握できるとよい。

本時の評価（指導に生かす場合）

本時では総括的評価につながる評価は実施しない。

授業の工夫①

『生物』での学習事項ではあるが、DNAの複製において、塩基配列が正確に複製されるのではなく、まれにエラーが生じるということを伝えて、例えば一つの塩基が別の塩基に置換したときの影響を遺伝暗号表を見ながら考えてみると、遺伝性疾患や進化につなげて考えることができる。終止コドンも生物基礎では範囲外になっているが、これが分かると一塩基置換の影響などもより理解できる。

授業の工夫②

現行の学習指導要領では、「主体的・対話的で深い学び」の重要性が指摘されている。知識伝達型の一方向の講義に終始するのではなく、生徒の主体的・対話的な活動を取り入れ、深い学びに導くことが必要である。ここでは、グループワークを実施する際に意識しておきたい点を整理する。

○安全・安心の場づくりを意識する

グループワークでの学びが活性化するかどうかに関して、最も重要なことは、授業が「安全・安心な場」になっているかということである。そのような場づくりのためには何が必要だろうか。

まずは、教師自身が生徒の学びやすい雰囲気をつくるということである。生徒たちが伸び伸びと学べるように、学びを楽しむ雰囲気を教師が率先してつくっていけるとよい。また、授業の中で必ず大切にしてほしいことを「グランドルール」として提示することも有効である。例えば、「出てきた意見は否定せずに聞く」など、生徒が安心して発言し学び合うことができるようなルールを提示できるとよい。また、教師自身も、生徒の活動や発言に対して「間違ってもいいから自由に発言してほしい」と伝え、かつ生徒のモチベーションを高めるような声かけができるとよい。

次に、グループ分けの方法について考える。グループサイズをどうするか、グループ分けはランダムにするか生徒の自由にするかなど、いくつか考える要素がある。どの方法が正解ということはないので、生徒の実態に応じて、「どうすれば安全・安心な学びの場をつくれるか」を中心に考えて決めればよい。また、生徒自身が自律的に学習を進められるようであれば、特にグループを指定せずに自由に学習を進めるという方法もよいかもしれない（ただし、グループで取り組むべき課題を提示したいのであれば、グループ分けは必要である）。新入生やクラス替えしたばかりのクラスでのグループワークであれば、グループ分けの後に簡単なアイスブレイクを導入することも効果的である。

課題の難易度についても考える必要がある。「教師が教えるのではなく生徒自身が主体的に学ぶ授業を実現する」ためには、教師は教えたい気持ちを抑える必要がある。しかし、それは「何も教えてはいけない」ということでない。生徒たちにとって難易度が高すぎる場合には、全体への講義や個別のやり取り等をうまく取り入れた方が学びが活性化する。ヴィゴツキーの「発達の最近接領域」も意識しながら、適切な難易度設定を意識したい。

○課題の設計

グループワークで取り組んでもらう課題をどのようなものにすればよいかについても考えるべきことがある。

最も汎用性が高いのは「〜について説明せよ」という形式の課題である。今回の単元であれば「転写とはどのような現象か説明せよ」というような課題が考えられる。このような課題に取り組むことで、理解した内容を自分のことばで説明することになるので、深い理解につなげることができる。また、一つの問いに対して、「生物基礎」の教科書レベルの説明にとどまるのではなく、「生物」の教科書レベルの発展的な内容まで含めた説明をすることも可能であり、生徒がそれぞれに自由に探究することができる余地がある。

生徒が説明型の課題に取り組みにくい場合には、「以下の文章の正誤を判定しなさい」という正誤課題や「以下の中から正しいものを一つ選びなさい」という多肢選択式の正誤問題を提示することも有効である。

これとは別に「計算などを伴った明快な解が存在する課題」もある。今回の単元であれば、「AATAGCTCTという塩基配列をもつDNAから転写によってできるmRNAの塩基配列を答えよ」というような課題である。このような課題は、自由論述形式の問題と比べると一般には生徒にとっては取り組みやすい。生徒の様子を見ながら答えを早めに提示して、答えに至るプロセスについて考えさせるような授業展開も有効である。

○目的に応じたICTの活用

タブレットやPC、あるいはスマートフォンなど、さまざまなデバイスを授業で活用することが可能になっている。これらをどのように活用するのかは授業の目的によって変わる。

「〜を見いだして理解する」ということを目的とする課題であれば、与えられた資料を使って自分で思考していくことが重要となるため、インターネット等での情報収集は望ましくない。一方、

「～について理解する」ということを目的とする課題であれば、必要に応じてインターネット等で情報収集を行うことは有効になる。一律にICTデバイスを使うか使わないかを決めるのではなく、授業の目的や生徒の実態に応じてうまく活用していくことが重要である。

〇学びを振り返る

　振り返りシートで学びを振り返ることも有効である。「今日の学習内容で最も重要だと思ったこと」を書くことによって、1時間の学習内容を振り返り整理することができる。「今日の学習内容に関して疑問に思ったこと」を書くことによって、日常的に「問い」をつくる練習ができる。これは探究的な学びにつながるものであり、「深い学び」の実現のためにも有効である。「分かりにくかったこと」を記入してもらうことで、生徒のつまずきを把握し、「放置・放任」にせず、適切なフォローができる。理解度を把握するために正誤問題等の確認テストを実施することも有効である。「授業に関する要望」を記入してもらうことで、授業の進め方などについて課題に気付き、授業改善につなげることもできる。

　また、生徒自身に「今日の学習でうまくいったこと」や「今日の学習で改善の必要のあること」を振り返らせることで、「学習の自己調整」につなげることもできる。

2章　遺伝子とその働き　⑧時　細胞の分化

同じ遺伝情報をもつにも関わらず、なぜ細胞は分化できるのか。

知・技

思・判・表

主体的

●本時の目標：　個体を構成する細胞は遺伝的に同一だが、細胞の機能に応じて発現している遺伝子が異なることを理解する。

●本時で育成を目指す資質・能力：　知識及び技能

●本時の授業構想

　選択的遺伝子発現により細胞の分化が起こるということを理解する授業である。なぜ発現する遺伝子が変わることが細胞の分化につながるのかを概念として理解させたい。

●本時の評価規準（Ｂ規準）

　細胞は遺伝的に同一だが、細胞の機能に応じて発現している遺伝子が異なることを理解している。

---

①導入【課題の把握】　　　（5分）

既習事項と本時の学習内容を確認する。

> ヒトではどの細胞も同じ遺伝情報をもっていましたが、それはなぜですか？

> 遺伝情報が正確に複製され、分配されていたからです。

> どの細胞も同じ遺伝情報をもっているにも関わらず、さまざまな形や働きをもつ細胞に分化することができます。これはなぜでしょうか？

②展開1【課題の探究1】　　　（10分）

細胞の分化とタンパク質について理解する。グループ課題を確認する。

> 細胞は、それぞれ異なるタンパク質をもっています。タンパク質はそれぞれがさまざまな役割をもつので、もっているタンパク質の違いにより細胞はさまざまな働きをもちます。

> タンパク質は遺伝子の情報を基に合成されると学びました。なぜ同じ遺伝情報をもつのに、異なるタンパク質をもつようになるのでしょうか？

ポイント

①導入　既習事項である遺伝情報の複製と分配について確認する。その上で、「すべての細胞が同じ遺伝情報をもつにも関わらず、さまざまな形や働きをもつ細胞に分化することができるのはなぜか」について考えていくことを提示する。

②展開1　タンパク質がさまざまな働きをもち、生命活動で重要な役割を果たしていることを確認し、細胞ごとに異なるタンパク質をもつことによって、細胞が異なる働きをもっていることを示す。その上で、「なぜ同じ遺伝情報をもつのに、異なるタンパク質をもつのか」というグループ課題を提示する。

③展開2　課題について、グループで対話しながら考えを整理していく。うまく話し合いが進まないようであれば、「つくられた後に特定のタンパク質だけが分解される」というように、考えられる可能性を挙げることで足場かけをしてもよい。また、分化するときに不要な遺伝情報が失われるということはないということを示し、「すべての細胞が同じ遺伝情報をもつ」という前提条件は確かであるということを確認させてもよいだろう。

④まとめ　グループで対話した内容をいくつか発表してもらい、それに対して教師からフィードバックを行う。その後、すべての細胞のDNAが同じ遺伝情報をもつが、発現する遺伝子が異なっ

すべての細胞は同じ遺伝情報をもつ。

細胞によってもっているタンパク質が異なる
→細胞ごとに働くタンパク質が異なる
→細胞ごとに異なる形や働きをもつようになる
これが細胞の「分化」

遺伝子が発現する
＝遺伝子から転写・翻訳によりタンパク質がつくられる
＝遺伝子がONになっている

	遺伝子A	遺伝子B	遺伝子C
表皮	○	×	×
骨格筋	○	○	×
肝細胞	○	×	○

細胞ごとに発現する遺伝子が異なる
→細胞が分化する

③展開2【課題の探究2】　　　　（20分）
グループで対話しながら課題に対する考えを整理していく。

もしかしたら、分化するときにいらない遺伝子がなくなるのかも？

細胞ごとにどの遺伝子が働くのかが変わっているのかもしれない。

いろいろなタンパク質がつくられた後で、いらないものだけ分解されているのかも？

分化するときに不要な遺伝情報が失われるということはありません。

④まとめ【課題の解決】　　　　（15分）
グループでまとめた考えを共有し、それに対するフィードバックと解説で確認する。最後に、振り返りシートを記入する（確認テストも含む）。

すべての細胞は同じ遺伝情報をもっていますが、発現する遺伝子が異なるのではないかと考えました。

その通りです。すべての細胞が共通に必要とするタンパク質であれば、すべての細胞で発現しますが、特定の細胞でのみ必要なタンパク質であればその細胞でだけ発現しているということですね。

ているということを説明する。最後に、確認テストを含む振り返りシートを記入させる。確認テストの状況や振り返りシートでの記載内容から、生徒のつまずきを把握できるとよい。

本時の評価（生徒全員の記録を残す場合）
　本時では総括的評価につながる確認テストを実施し、「知識・技能」の評価の材料とする。その際、用語の暗記ではなく、概念の理解を問う論述の形式で実施する。

授業の工夫
　細胞の分化は、再生医療などとも関連する内容である。発現する遺伝子をコントロールできれば特定の組織に分化させることができること、iPS

細胞など、そのもととなるような未分化な細胞が存在し、実際に治療への応用が進みつつあることなどを伝えられるとよい。また、だ腺染色体のパフの観察を行い、その後の資料学習で遺伝子発現について理解を深めることもできる。

「手で学ぶ」ことを通して生物基礎を楽しんで欲しい

第1編第1章　執筆者
宇田川　麻由
（筑波大学附属駒場中・高等学校）

公立中学校の理科教員として働きだした1年目、毎日毎晩、先輩の先生方にいろいろと教わりながら教材づくりに四苦八苦していました。学生時代に研究していたのは植物生態だったので、生物が専門とはいえ動物や菌類、細菌類のことなんてほとんど忘れているし、中学理科では生物だけでなく物理、化学、地学分野の実験実習もやらないといけません。しかも赴任先はその地域では「名の通った」学校で、理科室で授業をすれば生徒が火のついた線香をたくさん持ってカーテンの中に隠れてしまったり、濡れた雑巾が前に飛んできたり…。

それでもこの仕事を続けてこられたのは、理科の実験がとても楽しかったからでした。徐々に生徒への指示の出し方やいなし方も覚え、同僚の先生方の協力も得て理科室で安全に実験させられるようになると、学習に困難を抱えた生徒も優秀な生徒も、一緒になって目の前の面白いことに取り組んでくれました。何より、自分

自身が試しに観察したり実験したりして「これは面白い」と思ったことは、生徒たちも面白がってくれるものだと学びました。

実験の準備は結構大変です。写真や映像で見せれば一瞬で終わりそうなことを、なぜ生徒たちにあえてやらせるのでしょうか。それは、写真や映像では替えの利かない「手で学ぶ」ことの大切さがその理由の一つだからではないかと思います。自分の子供時代の理科の時間の記憶といえば、机の上にp-ジクロロベンゼンを盛大にこぼして台拭きを取りに行っている間にすっかり消えて驚いたことや、ニワトリの頭を解剖したことなど、自分が驚きをもって体験したことばかりです。先生方の話も記憶に残っているのは雑談の方です。授業では、ちょっとしたモノ・コトでも、生徒になるべく「生もの」に触れてもらい、生物基礎を好きになって欲しいと思っています。

「考えること」「感じること」を両輪に、生き物の不思議を学ぶ

第1編第2章　執筆者
大野　智久
（昭和女子大学附属昭和中学校・高等学校）

　皆さんは生物の授業を通じて生徒たちに何を伝えたいでしょうか。分かりやすいメッセージは「生物学を学ぶといろいろなことに役に立つ」というものです。あらゆる学習項目が日常生活や社会との強いつながりがあるので、この視点での授業デザインはとても重要です。しかし、個人的にそれ以上に重要だと思うメッセージがあります。それは「生きものってすごい！」ということです。

　中村桂子さんは「生命誌的生命観」を提唱されています。生物には多様性があるけれども、すべての生物には共通祖先がいて共通性があり、生物間には高等・下等という関係はなく、ヒトも他の生物と同様にその多様性の中にいる。これらのことを理解すると、ヒトだけが特別ではなく、すべての生物は皆それぞれの歴史をもち、それぞれに素晴らしく、それゆえに生命は大切なのだということを情緒的にではなく「科学」の言葉で表現できるようになります。それぞれの生物が歩んできたとてつもない「歴史」に思いを馳せながら、生物の生きる仕組みの巧妙さを学ぶと、「生きものってすごい！」という感覚が自然に芽生えてきます。

　だから、生物の授業では、「考える」ことと同時に「感じる」ことも大切にしてください。そのためには、「本物」を見ることが大事です。できれば、実際にフィールドに出て「生きもの」を全身で感じてほしいと思いますが、もしそれができなかったとしても、例えば今まさに咲いている花や、捕まえた昆虫を教室に持っていき、じっくり眺めるだけでも良いのです。「感じる」ことと「考える」ことを両輪に、生き物の不思議さ、素晴らしさを生徒とともに学び、「生きものってすごい！」と、生徒ともに日々感動できる、そんな生物の授業を目指して自分も日々精進していきます。皆さんも仲間としてともに進んでいきましょう！

科学的な探究活動を創意工夫して
科学的に探究する力を育成しましょう

藤本　義博

（岡山理科大学　教育推進機構　教職支援センター長・教授）

　平成30年告示の高等学校学習指導要領では、主体的・対話的で深い学びを実現した科学的な探究活動の授業で、理科で育成できる資質・能力の一つとしての**科学的な探究の力**を養うことが一層求められています。科学的な探究活動では、とりわけ問題発見と観察・実験が学習者の主体的な学びを実現するために欠かせません。問題発見の場面と探究活動を工夫された例として、植生と遷移の単元で地域の自然を生かした先生の授業を紹介します。この先生は、地域の雑木林の林床植物の一つであるカタクリを取り上げて四季の様子を継続観察した写真を提示し、生活史の戦略に問題を発見できるような授業を実践されました。授業の初めに、「学校の近くの〇〇山で、春夏秋冬のカタクリの様子を先生が継続観察して撮影した写真を見ましょう。このカタクリの様子を比較して気づいたことや疑問に感じたことをできるだけたくさんあげて意見交換しましょう。」と発問され、カタクリの花や葉の様子の変化が何に関係しているのかという問題を生徒が自ら見いだすことができるようにしかけておられました。問題発見の後は、光条件に関しての課題「カタクリを覆うブナの葉の大きさや数と林床に注ぐ光の量の関係」を設定し、電灯は太陽に、色紙でつくった葉はカタクリを覆うブナの葉に見立て、林床に注ぐ光の量を光電池で測定するモデル実験を行って探究する授業です。このモデル実験に取り組んだ生徒は、林床植物に降り注ぐ光の量がカタクリを覆う落葉樹の葉の成長によってどの程度変化するのかを実感をもって理解することができていました。

　本書でお示しした問題発見や探究活動の例を参考にしていただき、生徒や学校の実態等を踏まえて創意工夫し、生徒たちを生物基礎の世界に誘い、科学的に探究する力を伸ばしていただければ幸いです。

第**2**編

ヒトの体の調節

第1章　神経系と内分泌系による調節

第2章　免　疫

第2編　ヒトの体の調節
1章　神経系と内分泌系による調節（11時間）

■1 単元で生徒が学ぶこと

　自律神経系と内分泌系による調節についての観察、実験などを通して、情報の伝達、体内環境の維持の仕組みについて理解し、それらの観察、実験などに関する技能を身に付けるとともに、思考力、判断力、表現力等を向上させる。

■2 この単元で（生徒が）身に付ける資質・能力

知識及び技能	神経系と内分泌系による調節について、情報の伝達、体内環境の維持の仕組みを理解するとともに、それらの観察、実験などに関する技能を身に付けること。
思考力、判断力、表現力等	神経系と内分泌系による調節について、観察、実験などを通して探究し、神経系と内分泌系による調節の特徴を見いだして表現すること。
学びに向かう力、人間性等	神経系と内分泌系による調節に主体的に関わり、科学的に探究しようとする態度と、生命を尊重する態度を養うこと。

■3 単元を構想する視点

　この単元は、ヒトの体の調節について「情報の伝達」と「体内環境の維持の仕組み」の2部構成となっている。単元の初めに、踏み台昇降運動の実験を行い、運動による心拍数の変化を測定し、体内の情報の伝達について見いだしていく。その後、中学校で学習した神経系と関連付けて神経系の構造や自律神経系の働きについて理解する。内分泌系については、内分泌系とホルモンについて具体の記憶（暗記）を重視するのではなく、内分泌腺から分泌されたホルモンが標的器官に受容されることで情報が伝達されるという概念的な理解をする。体内環境の維持の仕組みについては、資料（グラフや図）を用いて、ホルモンの働きや血糖濃度の調節の経路（反応）について見いだして理解する。教師からの説明により経路について理解するのではなく、生徒が資料を用いて他者と交流しながら体内における反応について理解していく。

　本単元の指導計画では、観察や実験を通して、生徒が自身の体のことについて主体的に関わりながら、情報の伝達と体内環境の維持の仕組みについて見いだして理解したり表現したりすることを重視して構成している。

4 本単元における生徒の概念の構成のイメージ図

単元のねらい

　自律神経系と内分泌系による情報の伝達及び体内環境を維持する仕組みがあることを見いだして理解する。

情報の伝達	・自律神経系は交感神経と副交感神経により構成され拮抗的な働きをする。 ・内分泌系はホルモンによる情報伝達と体内環境の維持を行う。 ・自律神経系は素早く働き短時間であるのに対し、ホルモンはゆっくりと持続的に働く。
体内環境の 維持の仕組み	・血糖濃度は自律神経系と内分泌系が相互に作用しながら調節される。 ・血糖濃度の上昇には、グルカゴン、アドレナリン、糖質コルチコイドなどのホルモンが関わる。 ・血糖濃度の低下には、インスリンが関わる。 ・インスリンの分泌不足や受容体の感受性の低下により糖尿病が発症する。

5 本単元を学ぶ際に、生徒が抱きやすい困り感

神経ってたくさんあってよく分からないわ。

血糖濃度が上昇したときどんな経路で血糖濃度を下げるのか分からないよ。

心拍数の変化はどのように測定したり、記録したりすればいいの？

ホルモンは全部覚える必要があるの？

6 本単元を指導するにあたり、抱えやすい困難や課題

ホルモンの種類をすべて覚えさせ、血糖濃度の調節の経路も覚えさせなくてはいけないのではないかしら。

探究の方法を、いつまでたっても生徒に身に付けさせることができないです。

実験をしなくても、問題が解けるように内容を教え込めば十分じゃないですか。

踏み台昇降運動の実験を行えといわれても、実験の時間をとることができないです。

7 単元の指導と評価の計画　　　　　　　　生物の特徴（全11時間）

単元の指導イメージ

運動をすると体内にどのような変化が起こるか考えよう。

神経系や内分泌系はたくさんの用語が出てきて大変だ。

自律神経系の交感神経と副交感神経は拮抗的に働くね。

血糖濃度の調節には自律神経系と内分泌系が作用しています。

Ⅰ型糖尿病とⅡ型糖尿病は原因が異なることが分かったね。

糖尿病の治療はインスリン注射以外ないのだろうか？

時間	単元の構成
1	**踏み台昇降運動実験1** 探究活動①-1
2・3	**踏み台昇降運動実験2** 探究活動①-2
4	**自律神経系の働き**
5	**内分泌系の働き**
6	**自律神経系と内分泌系の働き**
7	**学習の振り返り1**
8	**血糖濃度とホルモンの作用** 探究活動②
9	**血糖濃度の調節**
10	**血糖濃度の調節と糖尿病** 探究活動③
11	**学習の振り返り2**

本時の目標・学習活動	重点	記録	備考 （★教師の留意点、○生徒のB規準）
運動に伴う体内の変化について調査する。	知	○	○表やグラフにおいて、被験者の結果を数値が示す単位を明確にして作成している。（記述分析）
運動に伴う体内の変化について見いだして表現する。	思	○	○運動している部位と変化が生じている部位に注目して、心拍数の変化が何のために起こっているのかを表現している。（記述分析）
ヒトの神経系の働きについて見いだして表現する。	思		★資料（図）をもとに、交感神経と副交感神経の働きを対比しながら理解させる。
内分泌系の働きについて見いだして理解する。	知		★資料（図）をもとに、内分泌腺の働きとホルモンの作用について理解させる。
神経系と内分泌系の働きについて整理して理解する。	知		★自律神経系と内分泌系の働きについて対比させながら整理し、まとめさせる。
これまでの学び（情報の伝達）について振り返る。	態	○	○情報伝達についての授業を振り返り、10個以上のキーワードを用いて、つながりが適切なコンセプトマップを作成している。（記述分析）
血糖濃度とホルモンの働きの関係について見いだして表現する。	思	○	○食事による血糖、血液中のホルモンXとホルモンYの濃度変化の関係について見いだして表現している。（記述分析）
血糖濃度の調節方法について理解する。	知		★資料（図）をもとに、血糖濃度が上昇した際に体内で起こる反応について理解させる。
血糖濃度の変化から糖尿病について見いだして理解する。	知	○	○資料を読み取り、Ⅰ型糖尿病もしくはⅡ型糖尿病の原因を正しく説明している。（記述分析）
これまでの学び（体内環境の維持の仕組み）について振り返る。	態	○	○体内環境の維持の仕組みについての授業を振り返り、15個以上のキーワードを用いて、環状のつながりがある適切なコンセプトマップを作成している。（記述分析）

1章　神経系と内分泌系による調節　①時
踏み台昇降運動実験1 （探究活動①-1）

知・技

思・判・表

主体的

・本時の課題

踏み台昇降による心拍数の変化を調査しよう。

●本時の目標：　運動に伴う体内の変化について調査する。

●本時で育成を目指す資質・能力：　知識及び技能

●本時の授業構想

　　身近な現象である運動時に起こる体内の変化に注目し、運動時に起こる体内の変化を調査する方法について考えさせる。また、実際に踏み台昇降運動を行い、心拍数の変化を調査させる。

●本時の評価規準（B規準）

　　表やグラフにおいて、被験者の結果を、数値が示す単位を明確にして作成している。

①導入【課題の把握】　　　　　　　　（5分）

今までの生活を振り返り、運動時に起こる体内の変化にはどのようなものがあるか考えて表現する。

運動をすると体温が上がって、汗をかくね。

体育の授業の後のことを思い出してみよう。

運動をすると息があがるね。

運動をすると脈拍数が多くなるね。

②展開1【課題の探究1】　　　　　　（15分）

運動時に起こる体内の変化について調査する場合、どのような実験方法があるかを考えて表現する。

汗の量を調べるのは難しそうだね。

一定の時間内の回数を調べるのが分かりやすいかな。

運動の前後で呼吸をする回数を調べるのはどう？

脈拍数は手首で測れるから簡単かもね。

中学校からのつながり

　中学校では、動物が外界の刺激に適切に反応していること、感覚器官や神経系、運動器官のつくりと働きについて学んでいる。

ポイント

①導入　この単元では、ヒトの体について学ぶことを伝える。その中で、身近な現象である運動時に起こる体内の変化について考えて表現させる。

②展開1　運動時に起こる体内の変化を実際に調査するとしたら、どのような方法があるかを検討させる。運動時に起こる体内の変化は多々あるが、実際に実験で調査を行えるものは限られていることに気付かせる。

③展開2　運動時に起こる体内の変化の一例として、心拍数の変化を調査する。心拍数の変化は脈拍を用いて測定する。実験を行う前に、脈拍数を正しく測れるように練習させてから行う。また、運動を行う前に、運動時に起こる体内の変化を調査する実験方法について検討させる。運動による変化を調べるためには、運動をする前の体内の状態を測定しておくことが必要であることを伝える。

④まとめ　心拍数の変化について調査した内容（実験結果）について班員で共有させ、次回の授業では実験結果について考察することを伝えておく。実験からグラフの作成までを1時間で実施するのは困難なので、次回の授業でグラフの作成や

○調査の方法の例
　①疑問
　②予想・仮説の設定
　③実験方法の検討
　④予想される結果
　⑤実験
　⑥結果から仮説の検証

○踏み台昇降運動による心拍数（脈拍数）の変化を調べる
（1）踏み台昇降運動による心拍数の変化について予想する
　　　（仮説を立てる）
（2）運動前の心拍数を計測する
（3）3分間の踏み台昇降運動を行う
（4）運動直後の心拍数を測定する
（5）運動後1分、2分、3分の心拍数を測定する
（6）測定結果をグラフにする

③展開2【課題の探究2】　　　　　　（20分）
踏み台昇降運動における心拍数の変化を調査する。

実際に運動して、体内に起こる変化について調査をしましょう。今回は心拍数に注目します。

実験を行う前に、どのような結果になるか予想しましょう。

（予想）踏み台昇降運動をすると心拍数が上昇する。

④まとめ【課題の解決】　　　　　　　（10分）
心拍数の変化について、次回の授業で考察することを確認し、調査を終了する。

実験結果は班員と共有しておいてください。次回は実験の結果について分析していきます。

振り返りシートを用いて、本時の学習内容を簡潔にまとめる。

振り返りシートに、本時の授業で重要だと感じたことを簡潔にまとめてください。

考察を行うかたちとする。

本時の評価（生徒全員の記録を残す場合）
　踏み台昇降運動における心拍数の変化について、実験結果をグラフに表現させる。その状態について評価を行う。評価をする際は、「横軸と縦軸が何を表すか記載しているか」「単位を記載しているか」など、実験結果を適切にまとめられるようチェックリストを設ける。

授業の工夫
　授業の終了時には振り返りシートを用いて、授業内容の振り返りを行う。振り返りシートには、本質的な問いを記載し、単元の学習の前後で問いに解答させ、その変化から生徒自身が成長を感じ

られるようにするのもよい。

1章　神経系と内分泌系による調節　②・③時
踏み台昇降運動実験2（探究活動①-2）

知・技	●本時の目標：　運動に伴う体内の変化について見いだして表現する。
思・判・表	●本時で育成を目指す資質・能力：　思考力、判断力、表現力等
主体的	●本時の授業構想

●本時の授業構想

　前時では、踏み台昇降運動による心拍数の変化を測定している。本時では、心拍数の変化をグラフとして表現するとともに、心拍数の変化が体内のどのような反応により生じたのかを考え、見いだした内容を表現させる。

●本時の評価規準（B規準）

　運動している部位と変化が生じている部位に注目して、心拍数の変化が何のために起こっているのかを表現している。

・本時の課題

踏み台昇降運動によって生じた心拍数の変化はどのような反応なのか表現しよう。

---

①導入【課題の把握】　　　　　（10分）

前時に実施した踏み台昇降運動における心拍数の変化について振り返る。実験前に立てた予想に対して、実験結果がどのようになったかを確認する。

（予想）踏み台昇降運動をすると心拍数が上昇するはず。

（結果）踏み台昇降運動により心拍数が2倍くらい上昇した。

（結果）運動から2分後には運動前と同じ心拍数に戻っていた。

②展開1【課題の探究1】　　　　（40分）

踏み台昇降運動における心拍数の変化をグラフにする。

Excelやスプレッドシートを使って、実験結果を表にまとめ、グラフにして見やすくまとめてください。

二人の結果を色分けして示そう。

縦軸を心拍数、横軸を時間にしてまとめよう。

縦軸と横軸には単位を付けて示すことにしよう。

ポイント

①導入　前時間に行った実験についてグループで振り返り、踏み台昇降運動をすることで心拍数がどのように変化をしたのか確認させる。その際、実験前に立てた予想（仮説）と実験結果とを比較させる。

②展開1　踏み台昇降運動における心拍数の変化をグラフに描かせる。グラフの作成には1人1台端末を用いて、Microsoft ExcelやGoogleスプレッドシートを用いて作成させる。グラフの作成の際は、縦軸と横軸が何を示しているのかを明確にするように伝える。

③展開2　運動している部位と変化が生じる部位に注目し、離れた2か所をつなぐような情報を伝達する機能が存在することを見いだして表現させる。考察の際は変化が起こる原因と仕組みの両方を考えさせることで、「脚の筋肉で酸素不足が生じているため」といった原因に注目した考察で終わらないように工夫をする。また、運動している部分と変化が生じている部分に注目させることで、体内における情報伝達に気付きやすいよう配慮する。

④まとめ　心拍数の変化が起こる原因と仕組みを整理しながら、クラス全体で内容を共有する。また、授業の最後には振り返りシートを用いて、授業を通して重要だと感じたことを生徒自身の言葉

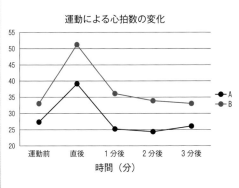

○運動による心拍数の変化（Aさん、Bさんの例）

運動による心拍数の変化

（縦軸）20〜55　（凡例）A、B

（横軸）運動前　直後　1分後　2分後　3分後
時間（分）

○変化が生じる理由
・運動している部分：脚
・変化が生じている部分：心臓

↓

みんなの考え
・脚では酸素が必要になっている。
・心拍数が上昇して血液が脚まで届くように
　なった。
・運動している部分と変化が生じている部分は
　離れている。
・離れている部分をつなぐもの（神経？）が関
　わっている。

③展開2【課題の探究2】　　　　　　　（40分）
踏み台昇降運動における心拍数の変化がなぜ起こっ
たのかを考え、その内容を表現する。

体の中で、運動している部分と変化が生じて
いる部分がどこかに注意しながら考えを表現
してください。

運動している部分は「脚」で、変化
が生じている部分は「心臓」だね。

運動している部分と変化
が生じている部分は離れ
ているね。

離れた部分で変化が生じたとい
うことは、脚の酸素不足が脳ま
で伝わったということかな？

④まとめ【課題の解決】　　　　　　　（10分）
心拍数の変化がなぜ起こったのかについて、クラス
メイトの記載内容を共有しながらまとめる。

運動している部分（脚）と変化が生じている
部分（心臓）が離れているということがポイ
ントですね。

離れている部分をつなぐ神経により情報が伝
えられることが大切です。これからの授業で
はこれらについて詳しく学んでいきます。

振り返りシートを用いて、本時の学習内容を簡潔に
まとめる。

振り返りシートに、本時の授業で重要だと感
じたことを簡潔にまとめてください。

で簡潔にまとめて表現させる。

本時の評価（生徒全員の記録を残す場合）
　心拍数の変化が起こる仕組みの考察は、思考・
判断・表現（結果の分析と考察）として評価する。
なお、授業の「展開1」で実施したグラフの作成
は、知識・技能（実験結果をグラフとしてまとめ
る技能）として評価する（前時評価）。どちらの
評価もチェック項目を設定し、その達成状況によ
り評価する。C規準になりそうな生徒には、グ
ループワーク中にアドバイスをしたり、他者と対
話するように声かけをしたりする。

授業の工夫
　チェック項目を設定し、生徒が科学的に思考す

る道筋を見えるようにする。また、単元の最初に
踏み台昇降運動の実験をすることで、体内環境の
維持について見いだして理解したことを表現させ
る。

1章　神経系と内分泌系による調節 ④時
自律神経系の働き

知・技
思・判・表
主体的

●本時の目標：　ヒトの神経系の働きについて見いだして表現する。
●本時で育成を目指す資質・能力：　思考力、判断力、表現力等
●本時の授業構想
　　前時で、心拍数の変化には、運動をしている部位（脚）と変化が生じている部位（心臓）をつなぎ、情報を伝達する機能があることを見いだしている。本時では、情報の伝達に関わる神経系（自律神経系）の構造と働きについて、資料をもとに見いだして表現させる。
●本時の評価規準（Ｂ規準）
　　交感神経と副交感神経の働きと分布について、対比して説明している。

---

①導入【課題の把握】　　　　　　　（10分）
踏み台昇降運動で生じた心拍数の変化について、情報の伝達の視点で振り返る。情報の伝達に関わるヒトの神経系についてまとめる。

ヒトの神経系について、階層構造を使ってまとめてみましょう。

神経系は中枢神経系と末梢神経系に分けられるね。

中枢神経系は脳と脊髄からなるのね。

②展開1【課題の探究1】　　　　　　（10分）
資料をもとに、脳死と植物状態の違いについてまとめる。

資料をもとに、脳死と植物状態の違いを比較してまとめてください。

脳死と植物状態で機能している部分を比較しよう。

日本では臓器移植を行うときに限り、脳死はヒトの死と扱われるみたい。

脳死患者からの臓器移植についてどう思う？

中学校からのつながり
　中学校では、外界からの刺激を受け取り、感覚神経、中枢、運動神経を介して反応が起こることを学習している。

ポイント
①導入　心拍数の変化に情報の伝達が関わることを確認させる。その後、ヒトの神経系について階層構造を用いてまとめさせる。
②展開1　資料をもとに、脳死と植物状態の違い（定義）についてまとめる。その後、脳死状態からの臓器移植について、生徒自身の意見を表現させる。その際、臓器移植についてはさまざまな考えがあることが当然であり、他者の意見を尊重す

ることが重要であることを伝える。
③展開2　交感神経と副交感神経の分布と働きを示した図をもとに、交感神経と副交感神経について比較しながら、これらの神経の働きを見いだして表現する。交感神経と副交感神経の働きは、それぞれの神経について対比するように表現させる。また、それぞれの具体的な働きに注目するのではなく、共通する点に注目しながら抽象化して表現する。働きを抽象化できない場合は、分布の対比をしながら違いを表現させるのもよい。
④まとめ　自律神経系の働きについて、踏み台昇降運動と関連させて振り返る。踏み台昇降運動により、心拍数が上昇したときには交感神経が優位

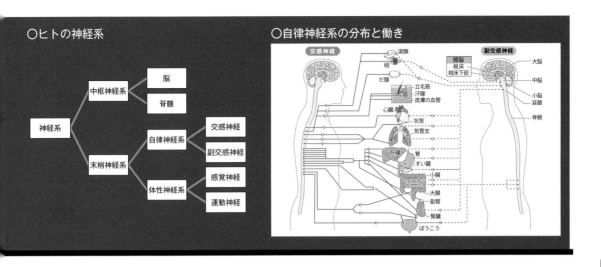

○ヒトの神経系

○自律神経系の分布と働き

③展開2 【課題の探究2】　　　　　（20分）

資料を参考に、交感神経と副交感神経の働きについて表現する。

図を読み取り、交感神経と副交感神経の働きについて対比させながら説明してください。

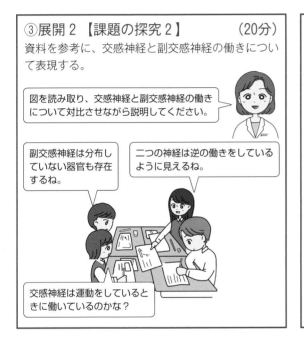

副交感神経は分布していない器官も存在するね。

二つの神経は逆の働きをしているように見えるね。

交感神経は運動をしているときに働いているのかな？

④まとめ 【課題の解決】　　　　　（10分）

自律神経系の働きを、踏み台昇降運動における心拍数の変化と関連させて確認する。

踏み台昇降運動を行って、心拍数が増加したときには交感神経が働いていたことが考えられますね。

休憩後、心拍数が元通りになったときには副交感神経が働いていたことが考えられますね。二つの神経は拮抗的に働きます。

振り返りシートを用いて、本時の学習内容を簡潔にまとめる。

振り返りシートに、本時の授業で重要だと感じたことを簡潔にまとめてください。

になって働いており、運動後に心拍数が低下したときには副交感神経が優位になって働いていることや、交感神経と副交感神経は拮抗的に働き、体内の情報伝達に関わっていることに気付かせる。

本時の評価（指導に生かす場合）

　本時は「指導に生かす場合」としたが、もし、「生徒全員の記録を残す場合」は、例えば、交感神経と副交感神経の働きについて対比して表現できているかについて評価する。具体的な働きに注目しながら、拮抗的に働く（逆の働きをする）ことを見いだしている場合をB規準とする。具体的な働きから抽象化して、交感神経と副交感神経の働きを表現できている場合をA規準とする。拮抗

的に働くことを見いだせていない場合は、神経系の分布の図に注目させ、脊髄のどのような部分から各器官につながっているのかに注目させ、二つの神経の違いを見いだせるようにする。抽象化して表現することは難しい部分もあるが、具体的な働きに共通する部分はないかなどの問いかけをすることで、抽象的に考えられるように補助をする。

1章　神経系と内分泌系による調節 ⑤時

内分泌系の働き

知・技

思・判・表

主体的

・本時の課題

図を参考に、内分泌腺の働きと分泌量の調節について説明しよう。

●本時の目標：　内分泌系の働きについて見いだして理解する。

●本時で育成を目指す資質・能力：　知識及び技能

●本時の授業構想

　　自律神経系と同様に情報の伝達に関わる内分泌系の働きについて、資料をもとに見いだして表現させる。資料（図）から内分泌腺の働き、ホルモンの役割と標的器官における作用について理解させる。また、ホルモンの分泌がどのように調節されるのか理解させる。

●本時の評価規準（B規準）

　　図（フローチャート）を読み取り、ホルモンの分泌量が調節される仕組みについて見いだして表現している。

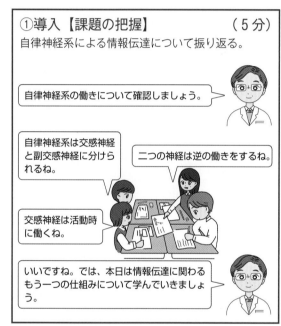

①導入【課題の把握】　　　　　　　　（5分）
自律神経系による情報伝達について振り返る。

自律神経系の働きについて確認しましょう。

自律神経系は交感神経と副交感神経に分けられるね。

二つの神経は逆の働きをするね。

交感神経は活動時に働くね。

いいですね。では、本日は情報伝達に関わるもう一つの仕組みについて学んでいきましょう。

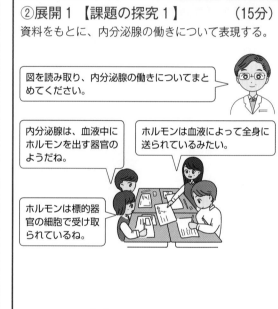

②展開1【課題の探究1】　　　　　　（15分）
資料をもとに、内分泌腺の働きについて表現する。

図を読み取り、内分泌腺の働きについてまとめてください。

内分泌腺は、血液中にホルモンを出す器官のようだね。

ホルモンは血液によって全身に送られているみたい。

ホルモンは標的器官の細胞で受け取られているね。

中学校からのつながり

　中学校では神経系について学んでいるが、内分泌系については高校で初めて扱う。

ポイント

①導入　前時で学んだ自律神経系の働きについて確認させる。本時で学ぶ内分泌腺も同様に情報伝達に関わることについて触れる。

②展開1　資料をもとに、内分泌腺の働きについてまとめさせる。「（1）内分泌腺とはどのような器官か」「（2）ホルモンとはどのような物質か」「（3）標的器官はどのような器官か」の三つの問いに資料を読み取りながら説明させることで、内分泌腺の働きについて理解させる。

③展開2　ホルモンのフィードバック調節について示した図をもとに、ホルモンの分泌量を調節する仕組みについて理解させる。

④まとめ　内分泌腺の働きとフィードバック調節の仕組みについて確認させる。内分泌腺の働きについては、個々のホルモンの働きについて触れるのではなく、内分泌腺の働きについて概念的に理解しているかを確認させる。また、分泌されたホルモンがそれ自身の分泌量を調節する機能をもつことを確認させる。

授業の工夫

　授業デザインは「目標の提示→課題への取組→グループワーク→ポイント説明→振り返り」の流

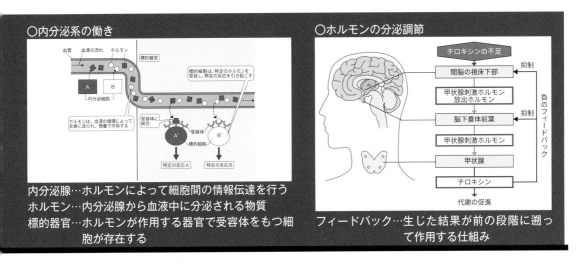

○内分泌系の働き

標的細胞は、特定のホルモンを受容し、特定の反応を引き起こす

ホルモンは、血液の循環によって全身に送られ、微量で作用する

内分泌腺…ホルモンによって細胞間の情報伝達を行う
ホルモン…内分泌腺から血液中に分泌される物質
標的器官…ホルモンが作用する器官で受容体をもつ細胞が存在する

○ホルモンの分泌調節

フィードバック…生じた結果が前の段階に遡って作用する仕組み

③展開2【課題の探究2】　　　　　（20分）
資料をもとに、ホルモンのフィードバック調節について考える。

内分泌腺からのホルモンの分泌量はどのように調節されているのでしょうか。こちらも図を見ながら考えてみましょう。

チロキシンの不足は視床下部が感知しているみたいだね。

チロキシンは甲状腺から分泌されるホルモンだね。

甲状腺から分泌されたチロキシンが視床下部に作用しているのかな？

チロキシンは脳下垂体にも作用しているみたいだね。

④まとめ【課題の解決】　　　　　（10分）
内分泌腺の働きについて確認する。

内分泌腺は血液中にホルモンという物質を分泌する器官です。ホルモンは微量で標的器官に作用し、標的器官で特定の反応を引き起こりします。

内分泌腺から分泌されたホルモンは、分泌調節がされています。その機能をフィードバックといい、視床下部や脳下垂体がホルモンの分泌を感知して、放出ホルモンや刺激ホルモンの量を調節します。

振り返りシートを用いて、本時の学習内容を簡潔にまとめる。

振り返りシートに、本時の授業で重要だと感じたことを簡潔にまとめてください。

れとしている。プリントに記載されていている課題に取り組むことで、授業目標を達成できるように構成している。授業の終了時には振り返りシートを用いて学習内容を簡潔にまとめ、生徒自身が理解度を確認できるようにしている。

本時の評価（指導に生かす場合）

　本時は「指導に生かす場合」としたが、もし、「生徒全員の記録を残す場合」は、例えば、フィードバック調節の仕組みについて示した資料（展開2）をどの程度読み取れているかを評価する。フローチャートを読み取りながら、分泌されたチロキシンが視床下部や脳下垂体に作用することを理解できていればB規準とする。それに加えて、チ

ロキシンの分泌により、視床下部や脳下垂体が放出ホルモンと刺激ホルモンの分泌を抑制することに触れられていればA規準とする。フローチャートが読み取れていない場合は、図中の矢印が示す意味についてクラスメイトと話をしたりするなどアドバイスをする。

授業で使用する教材

　授業では、目標の提示とポイント説明で使用する「スライド」、課題が示された「授業プリント」、振り返りで用いる「振り返りシート」を教材として使用する。

（1）スライド

　スライドは板書の代わりとして、Ａ３用紙に必要事項を印刷したものを黒板に貼り付ける形の「KP法（紙芝居プレゼンテーション法）」*を用いる。

　KP法のメリットは、授業が進んでも内容が黒板上に残ることであり、生徒はいつでも前の内容（スライド）を確認することができる。また、板書をする時間を削減することができ、生徒が活動する時間を確保することにもつながる。

　以下に、実際の授業で使用したスライドを掲載する。

*川嶋直（2013）、『KP法　シンプルに伝える紙芝居プレゼンテーション』、みくに出版

① 目標
内分泌系の働きについて見いだして理解する

スライド①　「目標の確認」
　授業のスタート時に貼り付け、授業のテーマと目標を確認する。
目標は振り返りシートにも記載されているため合わせて確認させる。

② 内分泌系の働き

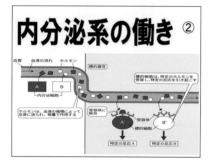

③ 内分泌系
ホルモンによって細胞間の情報伝達を行うしくみ

④ ホルモン
内分泌腺から血液中に分泌される物質

⑤ 標的器官
ホルモンが作用する器官で受容体をもつ細胞が存在

スライド②〜⑤　「内分泌系の確認」
　課題1（展開1）終了後に貼り付け、ポイント説明で使用する。スライド②はプリントに記載された図と同じものである。内分泌系・ホルモン・標的器官について簡潔にまとめたもの（スライド③〜⑤）を使用して説明する。生徒には自身の記載内容と照らし合わせて確認させるとともに、必要に応じてメモを取らせる。

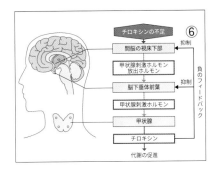

スライド⑥〜⑦ 「フィードバックによる調節の確認」
　課題2（展開2）終了後に貼り付け、ポイント説明で使用する。スライド⑥はプリントに記載された図と同じものである。ホルモンの分泌がフィードバックにより調節されていることについて確認させる。

（2）プリント

　プリントには課題を記載している。課題は授業目標を達成できるよう、図やグラフなどを用いて、生徒が見いだして理解したり、見いだして表現したりできるように工夫する。プリントがノートの代わりとなるようにすると、生徒はノートを準備する必要がない。
　以下に、実際の授業で使用したプリントを掲載する。

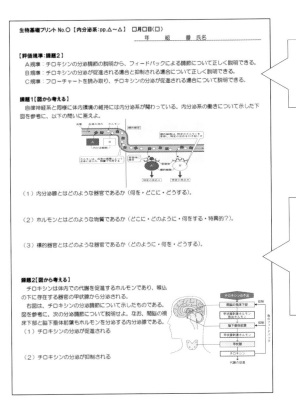

評価規準の記載
評価の記録の有無にかかわらず、評価規準を記載し、生徒が努力するべき方向性を示している。

課題の記載
課題の図は教科書に記載されているものを用いることで、図を準備する負担を軽減している。教科書に記載されている図は、ポイントが簡潔にまとめられているだけでなく、図自体にメッセージ性があるため、生徒が見いだして理解したり、表現したりする場面に適している。

（3）振り返りシート

　授業の終わりでは、学習内容を振り返り、振り返りシートを用いて簡潔に表現させる。疑問がある場合も記載させ、必要に応じてコメントを返したり、次の授業で触れたりする。「神経系と内分泌系による調節―11時学習の振り返り2」の後に見本を示す。

1章　神経系と内分泌系による調節　⑥時
自律神経系と内分泌系の働き

●本時の目標：　神経系と内分泌系の働きについて整理して理解する。

●本時で育成を目指す資質・能力：　知識及び技能

●本時の授業構想

　　自律神経系と内分泌系による調節の違いについて心臓の拍動調節に関わる資料をもとに、体内の情報伝達に関わる仕組みについて比較しながらまとめさせる。

●本時の評価規準（Ｂ規準）

　　自律神経系と内分泌系の働きについて、「器官への作用の仕方」「作用の早さ」「作用の持続性」の三つの観点のうち、二つについて正しく表現している。

・本時の課題

これまでの学習をもとに、自律神経系と内分泌系の働きについて整理しよう。

①導入【課題の把握】　　　　　　　（5分）
内分泌系による情報伝達について振り返る。

内分泌系の働きについて確認しましょう。

内分泌腺はホルモンを分泌する器官だったね。

ホルモンは血液によって運ばれるね。

ホルモンは標的器官に受け取られるね。

いいですね。では、本日は情報伝達に関わるもう一つの仕組みについて学んでいきましょう。

②展開1【課題の探究1】　　　　　（15分）
資料をもとに心臓の拍動調節について、自律神経系と内分泌系の調節について確認する。

図を読み取り、心臓の拍動調節に自律神経系と内分泌系がどのように関わっているか説明してください。

内分泌系も心臓の拍動調節に関わっているんだね。

心臓の拍動促進には副腎髄質から分泌するアドレナリンが関わっているね。

授業のポイント

①導入　前回の授業で学んだ内分泌系の働きについて確認させる。本時では自律神経系と内分泌系の働きについてまとめることについて触れる。

②展開1　資料をもとに、心臓の拍動調節に自律神経系と内分泌系がどのように関わるかを確認させる。自律神経系の交感神経及び内分泌系（副腎髄質）のアドレナリンが心臓の拍動を促進することを読み取り、心臓の拍動調節の仕組みについて理解させる。

③展開2　心臓の拍動調節を例に、自律神経系と内分泌系の働きの違いについてまとめさせる。その際、「（1）器官への作用の仕方」「（2）作用の

早さ」「（3）作用の持続性」の三つの視点について触れる。以上のことから、自律神経系は器官に直接情報を伝え、素早く作用して短時間で効果を示すことを理解させる。また、内分泌系は血液を介して器官に情報を伝え、ゆっくりと作用して持続的な効果を示すことを理解させる。まとめについては、表などを用いることで対比関係を理解しやすいよう工夫させる。

④まとめ　自律神経系と内分泌系の働きについて整理してまとめさせる。板書には、生徒の意見（発表）をもとにしながら、表を用いて整理していく。自律神経系も内分泌系も情報伝達をしながら体内環境の維持に関わっていることをまとめさ

○自律神経系と内分泌系による調節

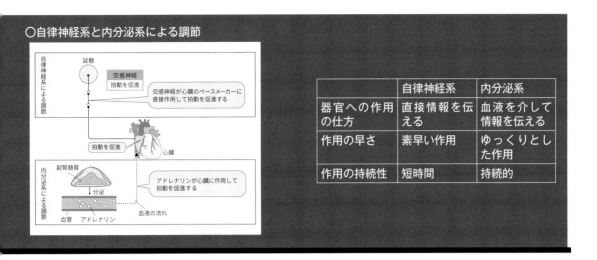

	自律神経系	内分泌系
器官への作用の仕方	直接情報を伝える	血液を介して情報を伝える
作用の早さ	素早い作用	ゆっくりとした作用
作用の持続性	短時間	持続的

③展開2【課題の探究2】　　　　　　（20分）

自律神経系と内分泌系の働きについて対比させながらまとめる。

自律神経系と内分泌系の働きについて次の観点についてまとめてみましょう。
（1）器官への作用の仕方、（2）作用の早さ、
（3）作用の持続性　の三つです。

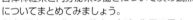
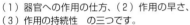

自律神経系は器官に直接情報を伝え、内分泌系は血液を介して情報を伝えます。

自律神経系は直接情報を伝えるので素早く作用し、内分泌系は血液を介するのでゆっくりと作用します。

内分泌系は血液中にホルモンが存在する間作用するので、持続的に作用すると考えられます。

④まとめ【課題の解決】　　　　　　（10分）

自律神経系と内分泌系の働きについて確認する。

皆さんの意見を、表を使ってまとめてみましょう。自律神経系と内分泌系の働きについて違いが整理できましたね。

自律神経系と内分泌系は「器官への作用の仕方、作用の早さ、作用の持続性」について特徴がありました。これらが適切に働くことで体内の情報伝達を正確に行っています。

振り返りシートを用いて、本時の学習内容を簡潔にまとめる。

振り返りシートに、本時の授業で重要だと感じたことを簡潔にまとめてください。

せる。

本時の評価（指導に生かす場合）

　本時は「指導に生かす場合」としたが、もし、「生徒全員の記録を残す場合」は、例えば、自律神経系と内分泌系の働きについて対比させながら、三つの観点についてまとめられているかを評価する。

授業の工夫

　振り返りシートは毎時間の終了時に記載する。振り返りシートは毎時間回収し、生徒の記載内容を確認する。基本的には記載内容を確認するのみとするが、生徒の記載内容に合わせてコメントを返す場合もある（コミュニケーションツールとしての役割）。生徒の理解度を見取ることで、教師自身も授業を振り返ることができ、授業改善へとつながる。また、学習内容を短文で記載することで、生徒自身が学習内容を振り返ったり、自己の理解度を認識したりすることができる。

1章　神経系と内分泌系による調節　⑦時
学習の振り返り1

知・技

思・判・表

主体的

●本時の目標：　これまでの学び「情報の伝達」について振り返る。
●本時で育成を目指す資質・能力：　学びに向かう力、人間性等
●本時の授業構想
　「情報の伝達」の振り返りとして、自身の学習活動の振り返りと、コンセプトマップの作成を実施する。コンセプトマップの作成はMicrosoft PowerPointやGoogleスライドを活用させる。
●本時の評価規準（Ｂ規準）
　情報伝達についての授業を振り返り、10個以上のキーワードを用いて、つながりが適切なコンセプトマップを作成している。

---

①導入【課題の把握】　　　　　　　　（5分）
自律神経系と内分泌系による調節の違いについて振り返る。

踏み台昇降運動を行って、心拍数が増加したときには交感神経が働いていたことが考えられますね。

自律神経系と内分泌系について比較したね。

自律神経系の方は素早く作用するよ。

ホルモンは血液中にいる間働くから持続性があるね。

自律神経系は直接器官に作用して、内分泌系は血液を介して作用したね。

---

②展開1【課題の探究1】　　　　　　（10分）
これまでの生徒自身の学習活動について振り返る。

これまでの学習について、分からなかったことをどのように解消しましたか？また、今後の学習活動をどのように改善しますか？

私はフィードバック調節について分からなかったので、友人に質問してホルモンが反応の前段階にも作用することを理解しました。

私はグループワークの際に、なかなか自分の意見を言えなかったので、次の単元では勇気を出して話してみます。

私は医療系の大学に進学したいので、内分泌系の働きと病気について調べてみます。

ポイント
①導入　前回の授業で学んだ自律神経系と内分泌系による調節の違いについて確認させる。また、本時では今までの学習内容を振り返ることを伝える。
②展開1　これまでの学習活動について、「（1）分からなかったことをどのように解決したか」「（2）今後の学習活動をどのように改善するか」の二つの観点について振り返らせ表現させる。具体的にどのようなことを解消できたのか、どのように改善するかを表現させる。
③展開2　情報の伝達に関するコンセプトマップを作成させる。コンセプトマップの作成には、

Microsoft PowerPointやGoogleスライドを用いる。事前にテンプレートを作成しておき、それを生徒に配布し編集させ、提出してもらうかたちをとることで、生徒も教師も負担が減る。コンセプトマップの作成時には、いくつかのキーワードの使用を必須とし、それを中心に学習内容を振り返りながら（教科書や授業プリント・ノートを確認しながら）作成させる。もし、授業中に終了しない場合は、次時までの宿題とすることも考えられる。
④まとめ　作成したコンセプトマップについて、他者のものと見比べ、適切に変更させたり、キーワードやつながりを追加させたりする。

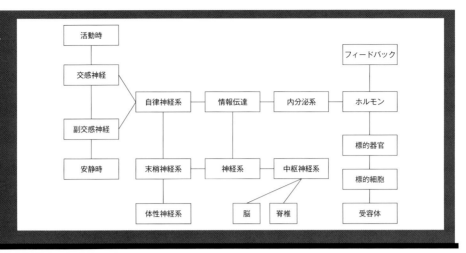

○情報の伝達の
コンセプトマップ

③展開2【課題の探究2】　　　（30分）

情報の伝達に関するコンセプトマップを作成する。

これまでの学習を振り返り、情報の伝達に関するコンセプトマップを作成してください。「自律神経系」「内分泌系」「フィードバック」の三つのキーワードは必ず使用してください。

自律神経系は「交感神経」と「副交感神経」につなげよう。

内分泌系は「ホルモン」と「内分泌系」につなげて、「ホルモン」と「フィードバック」につなげよう。

キーワード同士のつながりがどんな意味をもつのか考えながら作成するといいのかな。

④まとめ【課題の解決】　　　（5分）

作成したコンセプトマップを全体で共有する。

作成してくれたコンセプトマップを確認してみましょう。「いいな」と思った部分は自身のコンセプトマップに生かしてください。

他者のコンセプトマップを確認して、自身のコンセプトマップを訂正することは大変重要です。理解が不足していたり、抜けている部分について確認したりすることになります。色分けしておきましょう。

今日はこれまでの学習内容を振り返ることが目的なので、振り返りシートのコメントの記載は不要です。自己評価としてA～C規準を記載してください。

本時の評価（生徒全員の記録を残す場合）

コンセプトマップの作成状況について評価を行う。10個以上のキーワードを用いて、つながりが適切なコンセプトマップを作成していればB規準とし、他者のコンセプトマップを確認して訂正していればA規準とする。自身のコンセプトマップに訂正の必要がない場合は、その旨を記載させたり、作成したコンセプトマップのポイントなどを記載させたりするとよい。

授業の工夫

コンセプトマップは1人1台端末を利用して作成させる。例えば、Googleスライドを用いると、Google Classroomから課題として配信し、ウェブ上で評価までを完結することができる。これまでの授業においても総括的評価に活用する評価の場面については、Classroomを用いることで評価にかかる時間を短縮することができる。また、生徒へのフィードバックも素早くできるようになる。

1章　神経系と内分泌系による調節　⑧時
血糖濃度とホルモンの作用（探究活動②）

・本時の課題

資料を読み取り、ホルモンXとホルモンYの働きについて説明しよう。

知・技
思・判・表
主体的

●本時の目標：　血糖濃度とホルモンの働きの関係について見いだして表現する。

●本時で育成を目指す資質・能力：　思考力、判断力、表現力等

●本時の授業構想

　　血糖濃度の調節を例に自律神経系と内分泌系が体内環境の維持にどのように働いているのかを学ばせる。食事による血糖濃度の変化と血糖濃度の調節に関わる二つのホルモンの濃度変化に関する資料を読み取り、二つのホルモンの働きについて見いだして表現させる。

●本時の評価規準（B規準）

　　食事による血糖、血液中のホルモンXとホルモンYの濃度変化の関係について見いだして表現している。

---

①導入【課題の把握】　　　　　（5分）

生活の中で自律神経系や内分泌系が働いている場面はないか考える。

> 生活の中で自律神経系と内分泌系が働いている場面はないかな？

> 運動をしたときに心拍数が増えるのは自律神経系の働きだったね。

> 糖尿病の患者はインスリン注射をするって聞いたことがあるわ。

> インスリンってホルモンだったよね。

> いいですね。では、本日は血糖濃度を例に、自律神経系と内分泌系が体内環境の維持にどのように関わっているか見ていきましょう。

---

②展開1【課題の探究1】　　　（15分）

資料をもとに、食事による血糖濃度と二つのホルモン（XとY）の血液中の濃度がどのように変化するか見いだして表現する。

> 資料（グラフ）は、食事による血糖濃度と二つの血液中のホルモン濃度について示したものです。どのように変化しているか説明してください。

> 血糖濃度は食後30分程度で140 mg/100 mL程度まで増加しています。その後、4時間程度で食前とほぼ同程度まで濃度が低下しています。

> ホルモンYは血糖濃度と同じような変化をしています。それに対して、ホルモンXは食後に濃度が減少しています。

ポイント

①導入　生活の中で自律神経系と内分泌系が働く場面がないか考え、血糖濃度の調節の理解につなげていく。生徒から糖尿病とインスリンの関係などについて発言があるとよい。

②展開1　資料（グラフ）を読み取り、食事により血糖濃度と二つのホルモン濃度がどのように変化するかを表現させる。なお、血糖が血液中のグルコースを意味すること、グラフ中のホルモンはともに血糖濃度の調節に関わることを補足する。

③展開2　資料（グラフ）の濃度変化から、二つのホルモン（XとY）が血糖濃度の調節にどのように関わるのかを推測し表現させる。表現する際

は、「食事により○○が△△していることから、□□は血糖濃度を☆☆する働きがあると考えられる」など、テンプレートを使用して答えさせる。これにより、資料を読み取った事実（根拠）をもとに自身の考えを表現することができ、科学的な表現のトレーニングとなる。文章での表現が難しい場合は、他者と話しながら考えをまとめるようにアドバイスをする。

④まとめ　二つのホルモン（XとY）の働きについてまとめさせる。ホルモンYは食後に濃度が上昇していることから、血糖濃度を低下させるホルモン（インスリン）であると考えられる。ホルモンXは食後に濃度が低下していることから、血糖

○血糖濃度とホルモン
＜チェックリスト＞
□食事によって血糖濃度はどのように変化
　したか。
□食事によってホルモンXの血液中の濃度
　はどのように変化したか。
□食事によってホルモンYの血液中の濃度
　はどのように変化したか。
□食事によるホルモンXの変化から、ホル
　モンXの働きはどのようなものか。
□食事によるホルモンYの変化から、ホル
　モンYの働きはどのようなものか。

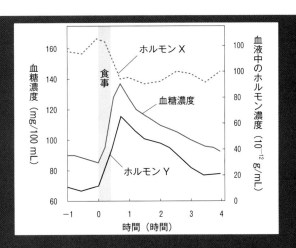

③展開2【課題の探究2】　　　　（20分）
二つのホルモン（XとY）が血糖濃度の調節にどの
ように関わるのかを考える。

グラフの変化から、ホルモンXとホルモンYが
血糖濃度の調節にどのように関わっているか説
明してください。ホルモンXもホルモンYも食事
により濃度変化が起こっていると考えましょう。

ホルモンXとホルモンYの濃度変化は逆に
なっているので、働きも逆なのかもしれない
ね。

ホルモンXの濃度が減少してから、血糖濃度
が減少しているから、ホルモンXが血糖濃度
を下げているとは考えにくいように思うわ。

ホルモンYの濃度が上昇してから血糖濃度
が減少しているから、ホルモンYには血糖濃度
を下げる働きがあるのかな？

④まとめ【課題の解決】　　　　　（10分）
二つのホルモン（XとY）の働きについて確認する。

皆さんの意見をまとめていきましょう。ホル
モンXとホルモンYは逆の働きをしていると
考えられますね。

ホルモンYの濃度が上昇してから血糖濃度が
減少しているので、ホルモンYは血糖濃度を
下げる働きがあると考えられます。このこと
から、ホルモンXは血糖濃度を上昇させる働
きがあるといえますね。

振り返りシートを用いて、本時の学習内容を簡潔に
まとめる。

振り返りシートに、本時の授業で重要だと感
じたことを簡潔にまとめてください。

濃度の上昇に関わるホルモン（グルカゴン）であ
ると考えられる。血液中のホルモン濃度の変化が
逆であることに注目し、ホルモンYの働きを推測
した後、ホルモンXの働きを推測すると分かりや
すい。

本時の評価（生徒全員の記録を残す場合）
　資料（グラフ）を読み取り、その変化について
表現したり、ホルモンの働きについて考察し表現
したりしたことについて評価を行う。評価を行う
際は、読み取った内容や考えた内容について、生
徒自身が客観的に確認をできるようにチェックリ
ストを用いるとよいだろう。「食事によって血糖
濃度がどのように変化したか」「食事によるホル

モンYの変化から、ホルモンYの働きはどのよう
なものか」などを用意することで、生徒も思考の
方向性が明確となり内容の理解につながる。

1章　神経系と内分泌系による調節　⑨時
血糖濃度の調節

知・技

思・判・表

主体的

●本時の目標：　血糖濃度の調節方法について理解する。
●本時で育成を目指す資質・能力：　知識及び技能
●本時の授業構想
　資料（図）を読み取り、食事により血糖濃度が変化した際に、体内でどのような経路（順序）で血糖濃度が調節されるのかを理解させる。また、血糖濃度の調節には、自律神経系と内分泌系が相互に作用しながら関わることを、図を読み取ることから理解させる。
●本時の評価規準（B規準）
　食事により血糖濃度が上昇したことを視床下部が感知し、すい臓に情報伝達することで、すい臓のランゲルハンス島B細胞からインスリンが分泌されることを理解している。

---

①導入【課題の把握】　　　（5分）
血糖濃度の調節に関わるホルモンの働きについて振り返る。

> 食事により血糖濃度がどのように変化しましたか？また、その調節に関わるホルモンはどうでしたか？

> 食後30分程度で血糖濃度が上昇したね。

> 二つのホルモンが関わっていて、濃度変化は逆になっていたわ。

> 血糖濃度に関わるホルモンは二つだけなのかな？

> いいですね。では、本日は血糖濃度の調節方法について学んでいきましょう。

②展開1【課題の探究1】　　　（20分）
資料（図）を読み取り、食事により血糖濃度が上昇した後、どのような経路で血糖濃度が減少するのか考える。

> 資料（図）は、食事により血糖濃度が上昇した際、体内で起こる反応を示しています。どのような経路で血糖濃度が減少するのか説明してください。

> 食事をとると血糖濃度が上昇し、それを間脳の視床下部が感知します。その後、副交感神経によりすい臓に情報を伝達しています。

> すい臓のランゲルハンス島のB細胞からインスリンというホルモンが分泌されます。

> インスリンが肝臓や全身の細胞に働き、血糖濃度が低下します。

中学校からのつながり
　中学校では血液の成分とその働き、肝臓の働きの概要や消化・吸収について学習している。

授業のポイント
①導入　血糖濃度の変化とホルモンの血中濃度の変化について振り返らせる。血糖濃度が変化した際にどのような調節がされるのか具体的に見ていくことを伝える。
②展開1　資料（図）を読み取り、食事により血糖濃度が上昇した（高血糖になった）際、どのような経路（順序）で血糖濃度が減少するのかを理解させる。その際、教師が図の経路を説明するのではなく、生徒自身が図を読み取りながら、血糖

濃度が上昇した際の反応について理解していく。図の読み取りが難しい生徒には、図中の矢印がどのような意味をもつのか考えさせたり、クラスメイトに質問したりするよう助言する。また、肝臓ではグリコーゲンの合成と分解により血糖濃度を調節していること、グルコースが細胞での代謝により分解されることを補足する。
③展開2　資料（図）を読み取り、血糖濃度が低下した際の経路について理解させる。生徒には、血糖濃度が低下した際の経路が複数存在することに気付き、そのことを疑問に思って欲しい。
④まとめ　血糖濃度の調節方法について整理させる。血糖濃度の調節には、自律神経系と内分泌系

○血糖濃度が上昇した際の体内での反応

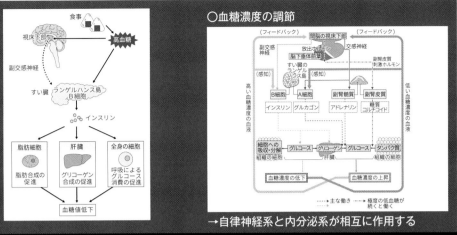

○血糖濃度の調節

→自律神経系と内分泌系が相互に作用する

③展開2【課題の探究2】　　　　　（15分）

資料（図）を読み取り、血糖濃度の調節方法について理解する。

先ほどの課題から、血糖濃度が上昇した時の反応は理解できましたね。では、血糖濃度が低下した時の反応についても確認しましょう。

血糖濃度が低下した時の経路は一つではないことが分かります。

血糖濃度が低下した際は、交感神経が働き、グルカゴン、アドレナリン、糖質コルチコイドというホルモンが関わります。

血糖濃度の変化はフィードバック調節をされていることが分かります。

血糖濃度を下げる経路は一つなのに、血糖濃度を上げる経路は複数存在するのはなぜなのかしら？

④まとめ【課題の解決】　　　　　　（10分）

血糖濃度の調節方法について確認する。

血糖濃度の変化は間脳の視床下部で感知され、自律神経系や内分泌系による情報伝達の後、内分泌腺から放出される各種ホルモンの働きで調節されます。なお、前回の授業のグラフ中のホルモンXはグルカゴン、ホルモンYはインスリンです。

血糖濃度を上昇させる経路は複数存在するのに、低下させる経路が一つしか存在しないのは不思議ですよね。進化の過程などに注目して調査してみてください。

振り返りシートを用いて、本時の学習内容を簡潔にまとめる。

振り返りシートに、本時の授業で重要だと感じたことを簡潔にまとめてください。

が相互に作用しながら関わることを確認させる。また、前時のグラフ中の二つのホルモンがグルカゴン（X）とインスリン（Y）であることも伝え、濃度変化と体内での役割について確認させる。血糖濃度の調節について生徒から疑問が出てきた場合、調査の観点などをアドバイスする。

本時の評価（指導に生かす場合）

　本時は「指導に生かす場合」としたが、もし、「生徒全員の記録を残す場合」は、例えば、資料（図）を読み取り、血糖濃度が上昇した際の反応について正しく理解しているかを評価する。食事により血糖濃度が上昇したことを視床下部が感知し、副交感神経によりすい臓に情報伝達すること

で、すい臓のランゲルハンス島B細胞からインスリンが分泌されることを理解していれば、B規準とする。インスリンが体内の各器官（細胞）に作用して、血液中のグルコース濃度を下げることで血糖濃度が低下することを理解していれば、A規準とする。

1章　神経系と内分泌系による調節　⑩時
血糖濃度の調節と糖尿病（探究活動③）

知・技

思・判・表

主体的

●本時の目標：　血糖濃度の変化から糖尿病について見いだして理解する。
●本時で育成を目指す資質・能力：　知識及び技能
●本時の授業構想

　　資料（グラフ）を読み取り、糖尿病が発症する原因について見いだして理解させる。健康なヒト、Ⅰ型糖尿病患者、Ⅱ型糖尿病患者の血糖濃度と血中インスリン濃度の変化を示したグラフから、Ⅰ型とⅡ型の糖尿病がどのような原因で発症するのかを理解させる。
●本時の評価規準（B規準）

　　資料を読み取り、Ⅰ型糖尿病もしくはⅡ型糖尿病の原因を理解して説明している。

・本時の課題

資料を読み取り、Ⅰ型糖尿病とⅡ型糖尿病の原因（なぜ発症するのか）について説明しよう。

---

①導入【課題の把握】　　　　　　（5分）

血糖濃度の調節について振り返り、糖尿病について確認する。

血糖濃度の調節はどのように行われていましたか？ また、糖尿病についてどのようなことを知っていますか？

血糖濃度の低下にはインスリンが関わっていたね。

血糖濃度の上昇には複数の経路があって、グルカゴンもその一つだったね。

血糖濃度を上昇させる仕組みを持っている生物が生存しやすかったのも一因のようだよ。

糖尿病は生活習慣病の一つだと聞いたことがあるわ。

②展開1【課題の探究1】　　　　（25分）

資料（グラフ）を読み取り、Ⅰ型糖尿病とⅡ型糖尿病の原因（なぜ発症するのか）を理解する。

資料（グラフ）は、健康なヒトとⅠ型とⅡ型の糖尿病患者の血糖濃度と血中インスリン濃度の変化を示したものです。それぞれの糖尿病が発症する原因を考えましょう。

糖尿病患者は健康な人に比べて血糖濃度が常に高い傾向があります。

Ⅰ型糖尿病患者は食後にインスリン濃度が上昇していないので、インスリンが分泌されていないのが原因だと思います。

Ⅱ型糖尿病患者は食後にインスリンが分泌されているにも関わらず血糖濃度が高いままなので、インスリンを受容できていないのだと思います。

中学校からのつながり

　中学校では循環系とその働き、腎臓の働きの概要について学習している。

ポイント

①導入　前時を振り返り、血糖濃度の調節に関わる疾患である糖尿病について、発症の原因を考えることにつなげる。

②展開1　資料（グラフ）を読み取り、Ⅰ型糖尿病とⅡ型糖尿病が発症する原因について考えて理解させる。健康な人の血糖濃度と血中インスリン濃度の変化と糖尿病患者の変化を比較して考察させる。Ⅰ型糖尿病患者は、血中インスリン濃度が上昇していないことから、すい臓のランゲルハン

ス島B細胞からインスリンが分泌されていないことを見いださせる。Ⅱ型糖尿病患者は、インスリン濃度が上昇しているにもかかわらず、血糖濃度が低下していないことから、肝臓などの標的器官がインスリンを受容できていないことを見いださせる。糖尿病が発症する原因について正しく理解するために、「ホルモンがどこから分泌され、どこで受容されるか」「Ⅰ型糖尿病とⅡ型糖尿病の原因の違いを明確にしているか」などのチェック項目を用意する。生徒がこれらを意識して表現することで糖尿病の原因について正しく理解させる。

③展開2　グルコースが尿中に排出される理由について考えさせる。腎臓における尿の生成につい

○血糖濃度と血中インスリン濃度の変化

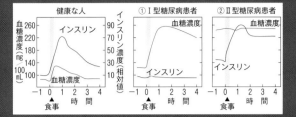

・Ⅰ型糖尿病…インスリンの分泌不足
・Ⅱ型糖尿病…インスリンの受容低下

○腎臓でのグルコースの再吸収と排出

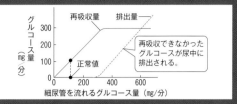

血液中のグルコース増加
↓
腎臓で再吸収しきれなくなる
↓
尿中にグルコース排出

2編　1章
神経系と内分泌系

③展開2【課題の探究2】　　　　　（10分）

資料（グラフ）を読み取り、尿中にグルコースが排出される原因について考える。

中学校で腎臓の働きについて学びましたね。どのような働きか覚えていますか？

腎臓には体内の不要になった物質を尿として体外に排出する働きがあります。

グルコースは体にとって必要な物質であるにも関わらず排出されるのはなぜでしょう。グラフから考えてみましょう。

細尿管を流れるグルコース量が一定を超えると尿中にグルコースが排出されています。

血中のグルコースの量が一定を超えると、腎臓で再吸収が追いつかなくなり、尿中に排出されるということだと思います。

④まとめ【課題の解決】　　　　　（10分）

糖尿病の原因について整理してまとめる。

糖尿病にはⅠ型とⅡ型の2種類が存在します。Ⅰ型糖尿病はインスリンの分泌不足、Ⅱ型糖尿病はインスリンの受容低下が主な原因となります。

生活習慣病の糖尿病はどちらのタイプですか？

生活習慣病の糖尿病はⅡ型糖尿病です。Ⅰ型糖尿病は自己免疫疾患といわれ、次の免疫の単元で扱います。

振り返りシートを用いて、本時の学習内容を簡潔にまとめる。

振り返りシートに、本時の授業で重要だと感じたことを簡潔にまとめてください。

て補足をしながら、グルコースの吸収と排出について注目し、グルコース量が多くなると再吸収が追いつかずに尿中に排出されることに注目させる。

④まとめ　Ⅰ型糖尿病とⅡ型糖尿病の原因についてまとめさせる。どちらもインスリンが関わるが、分泌されていないのか、受容できていないのか、その原因に注目させる。また、生活習慣病としての糖尿病は、Ⅱ型糖尿病であることに触れ、生活習慣によっては誰しも糖尿病になりうることに触れる。また、Ⅰ型糖尿病は生活習慣とは関係なく発症する疾患であることにも触れる。

本時の評価（生徒全員の記録を残す場合）

　インスリンの作用に注目して、Ⅰ型糖尿病もしくはⅡ型糖尿病の原因を正しく説明（理解）していれば、B規準とする。Ⅰ型糖尿病及びⅡ型糖尿病の原因を正しく説明（理解）していれば、A規準とする。説明が難しい場合は、インスリンの働きについて振り返らせたり、血中インスリン濃度の変化に注目させたりするなど理解が進むよう助言する。

1章　神経系と内分泌系による調節　⑪時
学習の振り返り2

体内環境の維持の仕組みに関するコンセプトマップを作成しよう。

知・技

思・判・表

主体的

●本時の目標：　これまでの学び「体内環境の維持の仕組み」について振り返る。

●本時で育成を目指す資質・能力：　学びに向かう力、人間性等

●本時の授業構想

　「体内環境の維持の仕組み」の振り返りとして、自身の学習活動の振り返りと、コンセプトマップの作成を行わせる。コンセプトマップの作成の際はMicrosoft PowerPointやGoogleスライドを活用させる。

●本時の評価規準（B規準）

　体内環境の維持の仕組みについての授業を振り返り、15個以上のキーワードを用いて、環状のつながりがある適切なコンセプトマップを作成している。

---

①導入【課題の把握】　　　　　　（5分）

Ⅰ型糖尿病とⅡ型糖尿病がどのような原因で発症するのか振り返る。

> Ⅰ型糖尿病とⅡ型糖尿病の原因はどのようなものだったでしょうか？

> Ⅰ型糖尿病はインスリンの分泌不足が原因だったね。

> Ⅱ型糖尿病はインスリンの受容低下が原因だったわ。

> 生活習慣病はⅡ型糖尿病で、Ⅰ型糖尿病は自己免疫疾患と呼ばれるものだったね。

---

②展開1【課題の探究1】　　　　（10分）

これまでの生徒自身の学習活動について振り返る。

> これまでの学習について、分からなかったことをどのように解消しましたか？ また、今後の学習活動をどのように改善しますか？

> 私はホルモン濃度の変化のグラフを理解するのが難しかったので、友人にホルモンXとYを別々に見るといいと言われ、理解することができました。

> 私は血糖濃度が上昇したときの反応を示した図を読み取るときに、矢印の意味を考えると理解しやすかったので、今後も気を付けて見てみようと思います。

> Ⅱ型糖尿病患者の体内では、インスリン濃度が通常よりも高い状態が多いため、受容体が反応しにくくなっているのではないでしょうか？

ポイント

①導入　前回の授業で学んだⅠ型糖尿病とⅡ型糖尿病の原因について確認させる。また、本時では今までの学習内容を振り返ることを伝える。

②展開1　これまでの学習活動について、「（1）分からなかったことをどのように解決したか」「（2）今後の学習活動をどのように改善するか」の二つの観点について振り返り表現させる。具体的にどのようなことを解消できたのか、どのように改善するかを表現させる。

③展開2　体内環境の維持の仕組みに関するコンセプトマップを作成させる。コンセプトマップの作成には、Microsoft PowerPointやGoogleス

ライドを用いる。事前にテンプレートを作成しておき、それを生徒に配布し編集させ、提出してもらうことで、生徒も教師も負担が減る。コンセプトマップの作成時には、いくつかのキーワードの使用を必須とし、それを中心に学習内容を振り返りながら（教科書や授業プリント・ノートを確認しながら）作成させる。授業中に終了しない場合は、宿題とすることも考えられる。

④まとめ　作成したコンセプトマップについて、他者のものと見比べ、適切に変更させたり、キーワードやつながりを追加させたりする。

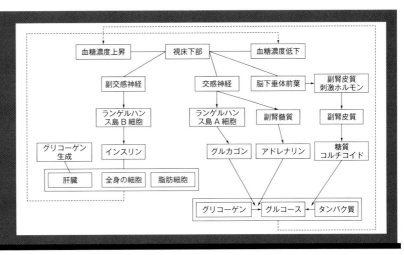

○体内環境の維持の仕組みに
関するコンセプトマップ

③展開2【課題の探究2】　　　　（30分）

体内環境の維持の仕組みに関するコンセプトマップ
を作成する。

これまでの学習を振り返り、体内環境の維持
の仕組みに関するコンセプトマップを作成し
てください。
「視床下部」「インスリン」「グルカゴン」の
三つのキーワードは必ず使用してください。

視床下部は「血糖濃度上昇」と「血糖濃度低
下」を感知するから、それぞれにつなげよう。

インスリンは「肝臓」と「全身の細胞」「脂
肪細胞」につなげて、「血糖濃度低下」につ
なげよう。

血糖濃度の調節の経路自体がコンセプトマップ
のようになっているわね。気を付けて作成して
みよう。

④まとめ【課題の解決】　　　　　（5分）

作成したコンセプトマップを全体共有する。

作成してくれたコンセプトマップを確認して
みましょう。「いいな」と思った部分は自身
のコンセプトマップに生かしてください。

他者のコンセプトマップを確認して、自身の
コンセプトマップを訂正することは大変重要
です。理解が不足していたり、抜けている部
分について確認したりすることになります。
色分けしておきましょう。

今日はこれまでの学習内容を振り返ることが
目的なので、振り返りシートのコメントの記
載は不要です。自己評価としてA〜C規準を
記載してください。

本時の評価（生徒全員の記録を残す場合）

コンセプトマップの作成状況について評価を行
う。15個以上のキーワードを用いて、環状のつな
がりがある適切なコンセプトマップを作成してい
ればB規準とし、他者のコンセプトマップを確認
して訂正していればA規準とする。自身のコンセ
プトマップに訂正の必要がない場合は、その旨を
記載させたり、作成したコンセプトマップのポイ
ントなどを記載させたりするとよい。なお、コン
セプトマップは知識の構造化につながる。また、
一方向のつながりではなく、環状の構造ができる
ことで、より深い理解がされていると考えられる。
本時は、2回目のコンセプトマップの作成である

ため、使用するキーワードを15個に増加し、環状
のつながりを求めている。他者の記載による改善
でA規準としているのは、自己調整できるかを見
取る意味がある。

生物基礎振り返りシート　【情報の伝達と体内環境の維持】

年　　　組　　　番　氏名

時間	学習の記録 目標の達成状況、大切だと思ったこと、印象に残ったことを自身の言葉で記入する。	自己評価		
		知技	思判表	態度
1	月　日（　） 目標：運動に伴う体内の変化について調査する。			
2	月　日（　） 目標：運動に伴う体内の変化について見いだして表現する。			
3	月　日（　） 目標：ヒトの神経系の働きについて見いだして表現する。			
4	月　日（　） 目標：内分泌系の働きについて見いだして理解する。			
5	月　日（　） 目標：神経系と内分泌系の働きについて整理して理解する。			
6	月　日（　） 目標：これまでの学習内容（情報の伝達）について振り返る。			
7	月　日（　） 目標：血糖濃度とホルモンの働きについて見いだして表現する。			
8	月　日（　） 目標：血糖濃度の調節方法について見いだして表現する。			
9	月　日（　） 目標：血糖濃度の変化から糖尿病について見いだして理解する。			
10	月　日（　） 目標：単元の学びについて振り返る。			
	月　日（　） ペーパーテスト　知識・技能…（　　　　）点／思考・判断・表現…（　　　　）点			
評価のまとめ				

生物基礎振り返りシート 【情報の伝達と体内環境の維持】

年　　組　　番　氏名

時間	学習の記録 目標の達成状況、大切だと思ったこと、印象に残ったことを自身の言葉で記入する。	自己評価		
		知技	思判表	態度
1	9月 5日（火） 目標：運動に伴う体内の変化について調査する。 **運動が終わってすぐの時は心拍数が高く、3分後にはもとの心拍数に戻っていた。**	A A		
2	9月 7日（木） 目標：運動に伴う体内の変化について見いだして表現する。 **運動は脚で行い、変化しているのは心臓。**		B A	
3	9月12日（火） 目標：ヒトの神経系の働きについて見いだして表現する。 **交感神経は活動時や緊張した状態では働きが優位になる。** **副交感神経は安静な状態で働きが優位になる。**		A	
4	9月14日（木） 目標：内分泌系の働きについて見いだして理解する。 **ホルモンは標的器官の受容体と結合して特定の反応を引き起こす。** **ホルモンの分泌はフィードバックで調節される。**	B		
5	9月19日（火） 目標：神経系と内分泌系の働きについて整理して理解する。 **自律神経系の働きは、素早く短時間で起こる。** **内分泌系の働きは、ゆっくりと持続的に起こる。**	B		
6	9月21日（木） 目標：これまでの学習内容（情報の伝達）について振り返る。			A A
7	9月26日（火） 目標：血糖濃度とホルモンの働きについて見いだして表現する。 **血糖濃度を調節するために二つのホルモンが働く。**		B B	
8	9月28日（木） 目標：血糖濃度の調節方法について見いだして表現する。 **インスリンとグルカゴンにより血糖濃度が調節される。** **肝臓でグリコーゲン⇄グルコースとなって血糖量が変わる。**	A		
9	10月 3日（火） 目標：血糖濃度の変化から糖尿病について見いだして理解する。 **インスリンが分泌できないことが原因で起こる糖尿病がⅠ型、インスリンを受容できないことが原因で起こる糖尿病がⅡ型。**	A B		
10	10月 5日（木） 目標：単元の学びについて振り返る。			B A
	月　　日（　） ペーパーテスト　知識・技能…（　　　）点／思考・判断・表現…（　　　）点	B	B	
	評価のまとめ	B	B	A

> 生徒全員の評価の記録を残さない時間は、生徒に自己評価させる。また、自己評価は重点とした観点のみでよい。

> 教師が評価を記録に残す時間は、上段に自己評価させ、下段に教師の評価をワークシート等から転記させる。

2編 1章 神経系と内分泌系

第2編　ヒトの体の調節
2章　免　疫（7時間）

1 単元で生徒が学ぶこと

　免疫についての観察、実験などを通して、免疫の仕組みについて理解し、それらの観察、実験などに関する技能を身に付けるとともに、思考力、判断力、表現力等を向上させる。

2 この単元で（生徒が）身に付ける資質・能力

知識及び技能	免疫について、免疫の働きを理解するとともに、それらの観察、実験などに関する技能を身に付けること。
思考力、判断力、表現力等	免疫について、観察、実験などを通して探究し、免疫の働きの特徴を見いだして表現すること。
学びに向かう力、人間性等	免疫に主体的に関わり、科学的に探究しようとする態度と、生命を尊重する態度を養うこと。

3 単元を構想する視点

　この単元では、自身のこれまでの経験や観察・実験の結果などに基づいて、白血球が具体的にどのように病原体の排除を行っているのかを考察して、その仕組みを見いだしていく。その後、免疫と日常生活との関わりについて、免疫記憶を活用した予防接種の仕組み、免疫の異常による疾患について学ぶ。中学校では、血液の中の白血球が体内に侵入した病原体の排除に関わっていることを学んでいるが、その仕組みについては学んでいない。そこでまず、白血球による食作用についての観察、実験、もしくは資料に基づいて、白血球による異物の処理の仕組みについて考えさせる。また、前の単元では「情報の伝達」について学んでいるので、食作用によって抗原の情報を手に入れた食細胞が、その情報を「抗原提示」というかたちで伝達していくことも、体内の情報伝達の一つとして扱いたい。また、免疫は「体内環境の維持の仕組み」の一つであることも念頭に置きながら、血液凝固や異物排除の仕組みについて学ばせたい。さらに、日常生活との関わりとして「予防接種」や「花粉症」などの身近な題材について、生徒自身の経験を振り返らせながら、学習内容と関連付けて理解させたい。指導に当たっては、学習内容の説明を行う時間よりも、資料などを用いて自分の考えをまとめさせた上で、他者と考えを交流しながら理解させる時間を重視する。

4 本単元における生徒の概念の構成のイメージ図

単元のねらい

免疫に関する資料などに基づいて、体が異物を排除する防御機構を見いだして理解する。

免疫の仕組み	・食細胞により、異物が細胞内に取り込まれ、処理されている。 ・体の表面を覆う組織は、体内への異物の侵入を防ぐ仕組みをもっている。 ・体内に侵入した異物の処理には、自然免疫と適応免疫（獲得免疫）がある。 ・適応免疫には、体液性免疫と細胞性免疫がある。
免疫と日常生活	・私たちの体には、一度疾患になると同じ疾患になりにくくなる、免疫記憶という仕組みがある。 ・予防接種は免疫記憶の仕組みを利用して行われている。 ・体を守るはずの免疫が異常を起こして生じる疾患もある。 ・ウイルス感染により、免疫機能が低下する疾患として AIDS がある。

5 本単元を学ぶ際に、生徒が抱きやすい困り感

白血球の名前がたくさん出てきて覚えきれない…。

自然免疫？適応免疫？体液性免疫？細胞性免疫？何がどう違うの？

顕微鏡で観察しても白血球がどれかよくわからない。どうやって見つけたらいいの？

白血球の種類と働きは全部覚える必要があるのかな。

6 本単元を指導するにあたり、抱えやすい困難や課題

免疫に関わる細胞と、それぞれの細胞の働きもすべて覚えさせなくてはいけないのではないかしら。

この単元で探究をさせようと思っても、実験器具もないので、できないです。

光合成
$6CO_2 + 12H_2O \rightarrow$
$C_6H_{12}O_6 + 6O_2 + 6H_2O$

実験をしなくても、問題が解けるように内容を教え込めば十分じゃないですか。

免疫に関する観察・実験といわれても、実験の時間をとることができないです。

免疫 2編 2章

免　疫（全 7 時間）

単元の指導イメージ

「免疫」とは何だろう？ 風邪をひいたときなどに体に起こる変化について考えよう。

免疫に関わる細胞はたくさんあって大変だ。

免疫には自然免疫と適応免疫があるね。

体内に侵入した異物の除去には、抗体やリンパ球 T 細胞が働いています。

予防接種や血清療法は、免疫の仕組みを利用しているんだね。

免疫のシステムが異常になると、どんなことが体に起こるのだろう？

時間	単元の構成
1	**免疫の仕組み** 物理的・化学的防御 血液凝固
2	**自然免疫** 食細胞、食作用
3	**適応免疫 1** 免疫細胞、抗原、抗原提示
4	**適応免疫 2** 体液性免疫、抗体、細胞性免疫
5	**免疫記憶・予防接種** 探究活動　抗体量の変化
6	**免疫と疾患** アレルギー、自己免疫疾患、AIDS
7	**学習の振り返り**

本時の目標・学習活動	重点	記録	備考（★教師の留意点、〇生徒のB規準）
これまでの経験や学びに基づき、病原体の侵入に対する防御の仕組みについて調べ、まとめる。	態		★生徒自身のこれまでの学びや経験と、これから学ぶ免疫に関する内容をつなげることを重視する。
資料に基づいて、体内に異物が侵入したとき、どのような反応が起こっているのか考察し、異物を排除する仕組みがあることを見いだして表現する。	思	〇	★白血球の食作用などの資料に基づいて、体内に侵入した病原体の排除について考察させる。教師からの説明は最小限とするよう心がける。 〇資料に基づき、白血球は体に侵入した異物を処理する能力をもつことを見いだして表現している。（記述分析）
自然免疫だけでは十分に対応できない特定の異物に対する免疫の働きについて、その仕組みを理解する。	知		★特定の異物を認識して行われる免疫反応について、その仕組みの概要を理解させる。
B細胞が作る抗体を用いる体液性免疫と、T細胞が直接攻撃する細胞性免疫があることを理解する。	知	〇	★抗原提示細胞からリンパ球への情報の伝達と、情報を受け取った各リンパ球の反応について整理して説明させる。 〇体液性免疫と細胞性免疫の仕組みや関与する細胞について、その概要を理解して説明している。（記述分析）
資料に基づき、一度かかった疾患に再度かかりにくくなる仕組みを見いだして表現する。また、予防接種がその仕組みを利用していることを理解する。	思	〇	★免疫記憶と予防接種を関連付けて説明することを意識させる。 〇一次応答と二次応答に関する資料に基づいて、一度かかった感染症に再度かかりにくい理由を見いだして表現している。（記述分析）
免疫の異常で発生する疾患や、AIDSについて学ぶ。	知		★具体的な疾患を例として挙げ、アレルギーや自己免疫疾患の概要について理解させる。
これまでの免疫についての学びを振り返る。	態	〇	★ここまでの学習活動を振り返るとともに、学習内容を1枚のコンセプトマップにまとめさせる。 〇免疫の単元を通して、分からなかったことや新たに疑問に思ったことをどのように解決しようとしたかを表現しようとしている。（記述分析）

免疫 2編 2章

第2章 免疫 85

2章 免 疫 ①時 免疫の仕組み

知・技

思・判・表

主体的

●本時の目標： 病原体の侵入を防ぐ体の仕組みについて調べる。
●本時で育成を目指す資質・能力： 学びに向かう力、人間性等
●本時の授業構想
　中学校では、理科で白血球が細菌などの異物を取り込んで分解することを、保健体育で病原体が体に侵入して感染症が発病すること、感染症を予防するには予防接種により免疫をつけたりすることが有効であることを学んでいる。本時はそれらを振り返りながら、疾病から体を守る仕組みについて概観させる。
●本時の評価規準（B規準）
　病原体の侵入を防ぐ体の仕組みについて、進んで調べようとしている。

・本時の課題

病原体が侵入しないように、私たちの体はどのような防御を行っているだろうか。

---

①導入1【課題の把握1】　　　　（10分）
　これまでに学んだ、白血球の働きや感染症、免疫などについての内容を確認する。

白血球は細菌などを取り込むんだっけ？

感染症はウイルスなどの病原体で起こるんだったね。

規則正しい生活を送ると感染症になりにくいと聞いたようなな…。

予防接種は免疫をつけるためだったね。

②導入2【課題の把握2】　　　　（10分）
　これまでの生活の中で学んだ、免疫に関する内容を確認する。

COVID-19流行のときはマスクが必須だったね。

ワクチンは何回も接種したよね。

手洗いやうがいもしっかりやるようにいわれたね。

ウイルスの型が変わると、予防接種の効果が低下するっていっていたよ。

中学校からのつながり

中学校では、白血球が細菌などの異物を取り込んで分解することを学んでいる。

ポイント

①導入1　この単元では免疫について学ぶことを伝える。免疫についてこれまでに学んだことや連想する事柄をいくつか挙げさせた後、ワークシートに各自で整理させる。

②導入2　これまでの生活の中（COVID-19流行時や自分自身が風邪をひいたときなど）で経験してきた事柄に基づき、免疫に関してどのようなことを学んだかを思い出して整理させる。

③展開　「私たちの体は、病原体が侵入しないように、普段どのような防御を行っているか」を調べさせる。調べる際には教科書や端末などを自由に使用させる。3～4人のグループで活動させ、生徒同士の相談、協力も可能とする。それぞれの防御の仕組みについても、可能な限り調べるよう指示する。調べた内容についてまとめ、ワークシートに記入させる。

④まとめ　ワークシートにまとめた内容について、数人の生徒に発表してもらう。発表された内容について、物理的防御及び化学的防御に該当するものをいくつか取り上げ、それぞれについて簡単に説明する。その後、ワークシートに本時の振り返りを記入させる。ワークシートは授業終了後回収

○中学校で学んだ内容
①血液中の白血球は、細菌などを取り込んで分解する
②病原体が体に侵入して感染症になる
③予防接種によって免疫がつく
④体の抵抗力を高めると、感染症の予防になる

○これまでの生活で学んだ内容
①感染症予防には、マスク着用が有効
②手洗い、うがいは感染症予防に効果的
③予防接種は複数回接種が必要
④感染症になると、咳やくしゃみがでる

◎私たちの体は病原体が侵入しないようにどのような防御を行っているだろうか？

（1）咳やくしゃみによって、病原体を排除する
（2）汗や涙、鼻汁などにより、病原体を破壊、排除する
（3）皮膚や粘膜の細胞どうしがしっかり結合し、体内への病原体の侵入を防ぐ
（4）かさぶたができることで病原体の侵入を防ぐ
（5）胃酸によって殺菌する
（6）気管表面の繊毛運動で、異物を排除する

---

③展開【課題の探究】　　　　　（20分）
　ヒトの体は、病原体が侵入しないようにどのような防御を行っているかを調べる。

普段の私たちの体は、病原体が侵入しないようにどのような防御を行っているでしょうか？
風邪をひいたときやケガをしたときに、体に見られる反応から考えてみましょう。

咳やくしゃみは、鼻や喉に入った異物を出そうとして起こる反応だから、防御の一つかな？

ケガをしたところにできるかさぶたのおかげで、細菌が侵入しないようになっているね。

④まとめ【課題の解決】　　　　（10分）
　病原体の侵入を防ぐ仕組みには、主に物理的防御と化学的防御が働いていることを理解する。

咳やくしゃみ、鼻水などによって病原体を排出する働きや、かさぶたで細菌などの侵入を防ぐ仕組みは、物理的防御と呼ばれます。

胃酸や酵素、タンパク質による殺菌などは、化学的防御と呼ばれます。

ワークシートを用いて、本時の学習内容を簡潔にまとめる。

ワークシートに、今回の授業で新たに学んだことや、重要だと感じたことを簡潔にまとめてください。

する。

本時の評価（指導に生かす場合）
　生徒に調べた結果をまとめてワークシートに記述させているため、その記述内容について評価を行い、指導に生かすことが考えられる。評価の際は、「これまでに学んでいないものについて調べてまとめているか」「防御の仕組みについても調べているか」など粘り強く取り組んだ様子をチェックリストで評価してもよい。なお、この評価は「免疫」についての診断的評価として用いることもできる。

授業の工夫
　ワークシートを用いて授業内容の振り返りを行うとともに、授業前後で同じ質問「免疫についてこれまで学んだことや連想する事柄は何か」を投げかけ、その記載内容の変化から生徒自身が成長を感じられるようにするとよい。

2章 免 疫 ②時 自然免疫

知・技

思・判・表

主体的

●本時の目標： 生物には異物を排除する仕組みが備わっていることを見いだして表現する。

●本時で育成を目指す資質・能力： 思考力、判断力、表現力等

●本時の授業構想

　前時で、感染症の予防には物理的防御や化学的防御が働いていることを学んでいる。本時では、これらを通過して病原体が体内に侵入した場合どのように対応しているか、白血球の食作用の資料に基づいて考察させる。

●本時の評価規準（Ｂ規準）

　資料に基づき、白血球は体に侵入した異物を処理する能力をもつことを見いだして表現している。

①導入 【課題の把握】 （10分）

　前時の学習内容と本時の学習内容を確認する。

体内に病原体が侵入しないように、どのような仕組みが備わっていましたか？

かさぶたや咳、くしゃみなどの物理的防御と、胃酸や酵素などによる化学的防御という仕組みがありました。

今回は、それらの防御をくぐり抜けて、体内に病原体が侵入してしまった場合について考えましょう。
これまでに学んできたことを前回確認しましたが、そこでどんな話が出ていましたか？

白血球が、細菌などを取り込んで分解するという話が出ていました。

②展開1 【課題の探究1】 （15分）

　白血球による食作用などの動画視聴、白血球による殺菌作用のデータを参考に、体内に異物が侵入したときの反応について考察する。

マクロファージは細菌を取り込んでいるね。

NK細胞に攻撃されたがん細胞は破壊されているね。

マクロファージや好中球に取り込まれた細菌は、どうなるのだろう。

取り込まれた後は分解されてしまうはずだね。

中学校からのつながり

　中学校では、白血球が細菌などの異物を取り込んで分解することを学んでいる。

ポイント

①導入　前時に学習した物理的防御と化学的防御について確認させる。その後、物理的防御や化学的防御をくぐり抜けて、体内に病原体が侵入した場合にどのようなことが起こるかについて考えて表現させる。

②展開1　マクロファージ、好中球による食作用の動画、NK細胞ががん細胞を破壊する動画を視聴させ、さらに好中球による大腸菌の殺菌作用を示すデータを提示し、体内に侵入した異物や異常

細胞に対する反応を考察させる。

③展開2　各グループで話し合い、まとめた考えについて、グループ間で共有させる。各グループに発表してもらい、それに対して教師からのフィードバックを行う。体内に侵入した異物を排除する仕組みが備わっていることが説明されていればよいが、資料を根拠として説明できていることが必要であることを伝え、教師からの適切なフィードバックを行いたい。

④まとめ　資料から考えたことについて、各自でワークシートにまとめさせる。また、「物理的防御と化学的防御」「好中球、マクロファージ、樹状細胞による食作用」「NK細胞によるウイルス

学習課題について考えるための資料

〇白血球の食作用の動画
・動画中の白血球は「マクロファージ」「好中球」

〇白血球ががん細胞を破壊する動画
・がん細胞を攻撃している細胞は「NK細胞」

〇白血球を加えて大腸菌を培養したときの生菌数変化
・加えられた白血球は「好中球」

【自然免疫】
・物理的防御と化学的防御
・白血球（好中球、マクロファファージ、樹状細胞）による食作用
・NK細胞による異常細胞の破壊

→　非特異的に反応する免疫

※　好中球、マクロファージ、樹状細胞を「食細胞」と呼ぶ。

---

③展開2【課題の探究2】　　　　（10分）
　グループでまとめた考えを共有する。

細菌などが体内に侵入すると、好中球がこれを細胞内に取り込んで排除してしまうと考えました。

それはどの資料を根拠としていますか？

好中球が細菌を取り込んでいる動画と、大腸菌の生菌数が、好中球があることで減少したというデータからです。

私たちは、NK細胞はがん細胞を攻撃して破壊していたので、異常になった細胞を攻撃して排除するのかもしれないと考えました。

④まとめ【課題の解決】　　　　（15分）
　資料から考えられることについて、それぞれワークシートにまとめ、自然免疫について確認する。

では、病原体が体内に侵入したときの反応として、資料に基づいてどのようなことがいえるか、それぞれワークシートにまとめてください。
また、新たな疑問があればまとめて記載してください。

前回の授業で学んだ、物理的防御と化学的防御、それと今回学んだ異物を排除する仕組みをまとめて「自然免疫」といいます。

自然免疫は、異物であれば何にでも反応する、非特異的な免疫反応です。

感染細胞やがん細胞の除去」を「自然免疫」ということを確認させる。自然免疫は非特異的に異物を除去することも確認し、次回の授業では特定の病原体を攻撃する免疫反応について扱うことを伝えておく。

本時の評価（生徒全員の記録を残す場合）
　資料に基づいて考えたことについて、ワークシートに記述させ、記述内容について評価を行う。例えば、「資料を根拠として、異物を排除する仕組みがあることを見いだして表現しているもの」をB規準とし、考える過程で生じた新たな疑問についても記載されているものは、より深い思考を行っているものと捉えてA規準とする。

2章　免　疫　③時　適応免疫1

・本時の課題

自然免疫での食
作用から、適応
免疫が働きはじ
めるまでの仕組
みを理解しよう。

知・技
思・判・表
主体的

●本時の目標：　食作用による異物の排除から、リンパ球による適応免疫が働く
　　　　　　　ようになるまでの仕組みについて理解する。
●本時で育成を目指す資質・能力：　知識及び技能
●本時の授業構想
　　脊椎動物の免疫では、前時で学んだ自然免疫における食作用から、抗原の情
　報を細胞間で伝達し、リンパ球による適応免疫が働く仕組みがあることを理解
　させる。
●本時の評価規準（Ｂ規準）
　　免疫に関与する細胞間で行われる抗原情報の伝達について、抗原提示の流れ
　を理解している。

---

①導入1　【課題の把握1】　　　　（10分）
　自然免疫の学習を振り返り、免疫細胞について確
認する。

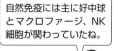
自然免疫には主に好中球
とマクロファージ、NK
細胞が関わっていたね。

樹状細胞という食細胞
もあったね。

NK細胞はがん細胞を攻撃し
ていたね。

食細胞は異物を取り込む
のだったね。

免疫に関わる細胞を免疫細胞といいます。こ
れには、好中球、マクロファージ、樹状細胞
の他に、NK細胞を含むリンパ球と呼ばれる
細胞があります。

②導入2　【課題の把握2】　　　　（10分）
　リンパ球が関わる適応免疫について確認する。自
然免疫と適応免疫の違いについても確認する。

NK細胞以外のリンパ球には、B細胞とT細胞
があり、これらは自然免疫とは異なる、適応
免疫という仕組みに関わっています。

自然免疫は、食細胞とNK細胞が働く免疫で
すが、体内に侵入した異物なら何にでも対応
する非特異的な反応です。

対して、適応免疫はリンパ球B細胞とT細胞
が主に働く免疫で、一つのリンパ球は一つの
対象にしか対応しない特異的な反応です。

ポイント
①導入1　関与する細胞とその働きに着目させ、
自然免疫の内容を振り返らせる。その後、免疫細
胞についての説明を行う。
②導入2　リンパ球が働く適応免疫があることを
説明する。適応免疫の詳細については、後に生徒
が調べるため、このときは説明しない。リンパ球
B細胞とT細胞が働くことと、「適応免疫」または
「獲得免疫」と呼ばれることを紹介する程度にと
どめる。その後、自然免疫と適応免疫はどのよう
な違いがあるのかについて説明する。ここでは例
えば、自然免疫では食細胞とNK細胞が働き、非
特異的な反応であるのに対し、適応免疫ではリン

パ球B細胞とT細胞が主に働き、特異的な反応で
あることについて説明する。
③展開　自然免疫と適応免疫のつながりについて、
教科書や資料集などの図、もしくは別の資料など
を用いてグループで調べさせる。自然免疫と適応
免疫のつながりについては、異物を取り込んだ後
の食細胞の働きに注目させ、食細胞による抗原提
示と、侵入した抗原に反応するリンパ球が抗原提
示によって活性化して増殖することに気付かせる
ようにするとよい。
④まとめ　調べた内容について共有させ、必要に
応じて補足しながら解説を行う。次回の授業では
適応免疫の詳細について調べることを伝えておく。

○免疫細胞
　①好中球　②マクロファージ　③樹状細胞
　④リンパ球（B細胞、T細胞、NK細胞）

○自然免疫と適応免疫の違い
・食細胞やNK細胞による自然免疫では、一つの
　細胞が様々な異物を認識・攻撃（非特異的）

・B細胞やT細胞が働く適応免疫では、一つのリ
　ンパ球が１種類の異物を認識・攻撃（特異的）
　→　多様なリンパ球が存在することで、多種
　　　の異物に対応している。
　※　リンパ球が特異的に攻撃する対象を、抗
　　　原という。

○自然免疫と適応免疫のつながり

樹状細胞、マクロファージ、B細胞
　→抗原情報を細胞表面に提示（抗原提示）
　→リンパ節で、侵入した抗原に対応するリン
　　パ球だけを活性化・増殖させる。

　※　樹状細胞からの抗原提示が最も強力

③展開【課題の探究】　　　　　（20分）

　自然免疫と適応免疫のつながりについて調べ、ま
とめる。

では、自然免疫と適応免疫のつながりについ
て、資料をもとに調べ、まとめてみましょう。
まずは、食細胞が異物を取り込んだ後、どの
ような働きをしているのか調べてみましょう。

樹状細胞などは、バラ
バラにした断片を細胞
表面に提示するらしい
よ。

食細胞は取り込んだ異物
をバラバラに分解するん
だね。

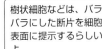

④まとめ【課題の解決】　　　　　（10分）

　グループでまとめた内容を共有し、それに対する
解説を聞いて確認する。

グループでまとめた内容を共有してください。
それぞれどのようなことが分かりましたか？

樹状細胞やマクロファージは、取り込んだ異
物の断片を細胞表面に提示します。
断片の情報がリンパ球に伝えられて、この断
片に対応するリンパ球だけが活性化します。

では、皆さんが調べた内容をまとめてみま
しょう。

本時の評価（指導に生かす場合）

　グループでまとめた内容をそれぞれ表現させ、
その中で細胞間での抗原情報の伝達の流れが正し
く表現されていればB規準とする。内容に誤りを
含む場合などは解説の中で修正する。また、展開
部分で生徒がグループで調べる活動を行っていた
際の教師からの声かけなどについての改善を図る
必要がある。生徒が細胞間の情報伝達に着目して、
抗原に特異的なリンパ球のみが活性化される仕組
みにたどり着けるよう意識する。

授業の工夫

　自然免疫と適応免疫のつながりについて調べさ
せるときの資料については、教科書などの図を用
いてもよいが、多くの場合は抗原提示などの情報
がすべて記載されている。そのため、可能であれ
ばここでは免疫細胞の特徴や役割についてまとめ
た資料を新たに作成し、その資料に基づいて考察
させるほうが思考力の育成にもつながるのでよい。

2章 免 疫 ④時 適応免疫2

知・技
思・判・表
主体的

●本時の目標： 適応免疫について、体液性免疫と細胞性免疫の仕組みについて、その概要を理解する。

●本時で育成を目指す資質・能力： 知識及び技能

●本時の授業構想

前時で学んだ適応免疫の特徴について振り返ったうえで、T細胞に渡された抗原情報の活用による体液性免疫と細胞性免疫について、整理して説明することにより、その概要を理解させる。

●本時の評価規準（B規準）

体液性免疫と細胞性免疫それぞれの仕組みや関与する細胞について、その概要を理解し、整理して説明している。

---

①導入【課題の把握】　　　　（5分）

前時の学習内容を振り返り、適応免疫の特徴を確認する。本時の課題を確認する。

適応免疫にはどのような特徴がありましたか？

B細胞とT細胞が働く免疫で、特定の抗原に反応するという特徴がありました。

今回は、適応免疫とはどのような免疫反応なのかを詳しく学習していきます。

②展開1【課題の探究1】　　　（20分）

適応免疫について、体液性免疫と細胞性免疫に分けられることを確認し、体液性免疫について、グループで対話しながら調べたことをまとめていく。

適応免疫は体液性免疫と細胞性免疫に分類されます。
まずは体液性免疫について、各グループで調べてまとめてください。

体液性免疫はB細胞が働く免疫みたいだね。

B細胞を活性化させるのは、ヘルパーT細胞らしいよ。

ポイント

①導入　前時の学習内容である、適応免疫の特徴について、リンパ球B細胞とT細胞が主に関わること、特異的な免疫反応であることを確認させる。その後、本時の課題（リンパ球が働く体液性免疫と細胞性免疫について、概要をまとめ、表現する）を提示する。

②展開1　適応免疫は体液性免疫と細胞性免疫に分類されることを説明し、体液性免疫についてグループで調べ、まとめさせる。その際、樹状細胞による抗原提示を出発点として、ワークシートにまとめるよう指示する。ワークシートにまとめる際には、関与する細胞を明記し、それらのつなが

りについて矢印などで示すように指示する。

③展開2　細胞性免疫についてグループで調べ、まとめさせる。体液性免疫と同様に、樹状細胞による抗原提示を出発点とすること、関与する細胞を明記し、それらのつながりについて矢印などで示すよう指示する。最終的に、体液性免疫と細胞性免疫を合わせて、適応免疫全体のまとめを作成させる。

④まとめ　適応免疫全体のまとめを全員で共有させる。このとき、可能であれば端末などを活用するとよい。その後、生徒たちの調べた内容に基づいて体液性免疫、細胞性免疫について必要な解説を加えた後、ワークシートを回収して授業を終える。

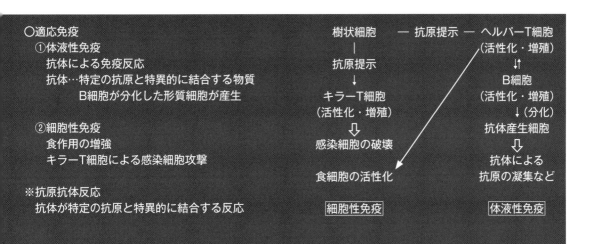

○適応免疫
　①体液性免疫
　　抗体による免疫反応
　　抗体…特定の抗原と特異的に結合する物質
　　　　　B細胞が分化した形質細胞が産生

　②細胞性免疫
　　食作用の増強
　　キラーT細胞による感染細胞攻撃

　※抗原抗体反応
　　抗体が特定の抗原と特異的に結合する反応

樹状細胞　―　抗原提示　―　ヘルパーT細胞
　│　　　　　　　　　　　　　（活性化・増殖）
抗原提示　　　　　　　　　　　⇅
　↓　　　　　　　　　　　　　B細胞
キラーT細胞　　　　　　　　　（活性化・増殖）
（活性化・増殖）　　　　　　　↓（分化）
　⇓　　　　　　　　　　　　　抗体産生細胞
感染細胞の破壊　　　　　　　　⇓
　　　　　　　　　　　　　　　抗体による
食細胞の活性化　　　　　　　　抗原の凝集など

　　　　　　　　細胞性免疫　　　体液性免疫

③展開2【課題の探究2】　　　　（20分）

　細胞性免疫について、グループで対話しながら調べたことをまとめていく。体液性免疫と細胞性免疫をまとめ、ワークシートに適応免疫全体のまとめを作成する。

細胞性免疫は、キラーT細胞というのが働くらしい。

ここでもヘルパーT細胞が働いているみたい。

マクロファージも活性化されるのだね。

ここには抗体は関与しないのかな？

④まとめ【課題の解決】　　　　（5分）

　適応免疫全体のまとめを全員で共有させる。補足説明の内容を確認する。

では、各グループでまとめた内容を提示して、簡単に説明してください。
他のグループの内容を聞いて、自分のまとめた内容を修正するときは、黒以外の色で修正しておいてください。

体液性免疫ではB細胞が産生した抗体が主に機能して、抗原を凝集させるなどの働きをします。細胞性免疫ではキラーT細胞やマクロファージなどが、感染細胞の破壊や食作用による抗原の取り込みを行います。

本時の評価（生徒全員の記録を残す場合）

　適応免疫について、調べた内容をワークシートにまとめ、表現させる。その中で、体液性免疫と細胞性免疫のそれぞれに関与する細胞の役割やつながりが適切に表現されていればB規準とする。

授業の工夫

　この授業は生徒たち自身が調べる活動が中心となるため、常に机間巡視を行い、教師も対話に加わりながら進めることが重要である。生徒の話している様子をうかがいながら、適宜必要な助言を与えることができるように心がけたい。また、他のグループのまとめを聞いて修正する部分の色を変えさせるのは、授業の終了後に振り返りを行う

際に、生徒自身がこの授業での自身の変容・成長を感じられるようにするためである。

2章 免　疫　⑤時　免疫記憶・予防接種（探究活動）

知・技

思・判・表

主体的

●本時の目標：　ヒトの体には一度かかった感染症には再度かかりにくい仕組みがあることを見いだして表現する。

●本時で育成を目指す資質・能力：　思考力、判断力、表現力等

●本時の授業構想

　一次応答と二次応答における抗体産生量の違いを示した資料から、一度かかった感染症に再度かかりにくい理由について考察させる。その後、その仕組みを応用した予防接種について理解させる。

●本時の評価規準（B規準）

　一次応答と二次応答に関する資料に基づいて、一度かかった感染症に再度かかりにくい理由を見いだして表現している。

---

①導入【課題の把握】　　　　（10分）

前時の学習内容と本時の課題を確認する。

体液性免疫と細胞性免疫には、どのような違いがありましたか？

体液性免疫ではB細胞がつくる抗体が、細胞性免疫ではキラーT細胞が主な働きを担っています。

今回は、私たちが一度かかった感染症に再度かかりにくい理由について、免疫がどのように働いているかを学習していきます。

②展開1【課題の探究1】　　　（15分）

同じ抗原が2度体内に侵入したときの抗体量の変化のデータから、本時の課題について考察する。

二つのグラフを比較すると、抗体量の最大値が2回目の方が大きいね。

抗体量が最大になるまでの期間も違うよ。

1度目よりも2度目の侵入の時の方が、強い反応だと思ったよ。

抗体が多いということは、病原体を早く排除できるということだと思うな。

中学校からのつながり

　中学校の保健体育では、感染症を予防するには予防接種により免疫をつけることが有効であることを学んでいる。

ポイント

①導入　前時に学習した体液性免疫と細胞性免疫について、それぞれ主に機能する細胞を確認させる。可能であれば、樹状細胞の抗原提示を受けて、それぞれの細胞が活性化した後に増殖することを確認させておく。その後、本時の課題を提示する。

②展開1　ヒトに無害な抗原を、期間を空けて2度接種したときの抗体量の変化のデータを提示する。抗体量と接種してからの日数に着目させ、こ

の結果に基づいて本時の課題についていえることを、まずは個人で考察させる。個人で考察させた内容をワークシートに記述させた後に、グループ内で記述内容を交流させる。グループ協議によって得られた考察を、ワークシートの別の欄に記載させる。生徒の端末を活用して、考察を電子データで提出させることが可能な場合は、それぞれの考察直後にデータを提出させるとよい。

③展開2　ワクチンは病原性を失った抗原や、抗原を合成するためのmRNAなどであることを説明し、先ほど考察したデータに基づいて、予防接種により免疫をつけることができる理由について考察させる。展開1と同様に、個人の思考の後に

○同じ抗原が2度体内に侵入したときの抗体量の変化の特徴について考える。
　①ヒトに無害な抗原を一定量接種し、その後約1ヶ月、抗体量を測定する。
　②最初の接種から6週間後に同じヒトに同じ抗原を接種し、その後約1ヶ月、抗体量を測定する。
　①と②で測定された抗体量のグラフを比較して、どのようなことがいえるか。
　→　抗体の量、接種してからの日数に注目。

※予防接種は、感染前に病原性を失った抗原（ワクチン）を接種。

○免疫記憶
　活性化したB細胞、T細胞の一部が残留（記憶細胞）。
　同じ抗原が侵入 → 記憶細胞が増殖・分化
　　　　　　　　　　　↓
　　　　　　　　　　素早い反応

1度目の侵入に対する応答 → 一次応答
2度目の侵入に対する応答 → 二次応答

二次応答では、発症する前に免疫が対応可能
　→　感染しても発症しないか、軽症で済む。
　→　予防接種をすると、病原体侵入時に二次応答が生じる。

---

③展開2【課題の探究2】　　　　　（15分）

ワクチンについて確認し、「予防接種により免疫をつける」ことができる理由を、先ほどのデータに基づいて考察する。

予防接種で注射するワクチンには、主に病原性を失った抗原が用いられています。
予防接種は、なぜ感染症に効果があるのか、先ほどの資料に基づいて考察してみましょう。

予防接種は、この1回目の抗原の侵入を意図的に起こしているものだと思う。

だから病原体の侵入後すぐに対応して病気を防いでいるのかな？

④まとめ【課題の解決】　　　　　（10分）

今回の課題について、教師からの解説を行う。この解説を聞いてのメモは、ワークシート以外に記載させるようにする。
最後に、次回の授業では体を守るはずの免疫が異常となって起こる病気について学ぶことを伝える。

このデータから、同じ抗原に対する2回目の反応は早くて強いことがわかります。実際の病原体の侵入でも同様のことが起きていて、2回目は潜伏期の間に対応できるので、病気になりにくいのです。

この二次応答は、活性化・増殖したリンパ球の一部が「記憶細胞」として残っていることによって可能になっています。

グループ協議、その都度ワークシートへの記入（または電子データの提出）を行わせる。
④まとめ　本時の課題に関してグラフから読み取れることを、教師から解説する。また、免疫記憶や一次応答、二次応答、予防接種の仕組みについても、教師からまとめの説明を行う（板書例参照）。可能であれば、ワークシートはまとめの前に回収しておいた方がよい。

本時の評価（生徒全員の記録を残す場合）

　ワークシートに記載された内容に基づいて評価を行う。展開1で提出されたワークシートにおいて、資料の内容を根拠として、2度目の抗原の侵入に対して1度目よりも速やかで強い免疫反応が生じるため、一度かかった感染症に再度かかりにくいことが表現されていればB規準とする。

展開１のワークシートの例

『抗体量の変化』について

【資料】

　ヒトには病気を起こさないほとんど無害なウイルスをこのウイルスに一度も感染したことのないヒトに一定量接種した。

　ウイルス接種後、11日目、14日目、18日目、25日目に採血し、このウイルスに対する血液中の抗体量を測定した結果、表１のようになった。

（表１）

ウイルス接種からの日数	11	14	18	25
抗体量の指標	10	21	52	21

　１回目の接種の後、６週間の間隔をおいて同じウイルスを再度一定量接種し、接種日、接種後２日目、４日目、７日目、９日目、24日目に採血し、このウイルスに対する血液中の抗体量を測定した結果、表２のようになった。

（表２）

ウイルス接種からの日数	0	2	4	7	9	24
抗体量の指標	28	27	610	3050	11500	5340

　［D. B. Peacock et al., Clinical & Experimental Immunology,13（1973）］より

【課題】

資料を基に、一度かかった感染症に再度かかりにくい理由について考えてみよう。

個人での考察	グループで考察した結果
【これらの枠への生徒の記述例】 ①２回目の接種のときの方が、抗体量が多い。 ②１回目よりも２回目の方が反応が早い。 ③１回目に比べて２回目の方が多くの抗体が作られており、反応も素早いため、同じ感染症にはかかりにくくなっている。 ④１回目に比べて２回目の方が多くの抗体が作られており、反応も素早い。このことから、２度目の感染では発症前の潜伏期に病原体の排除が進むため、同じ感染症には再度かかりにくいと考えられる。	

【この部分の学習評価について】
　例えば、生徒の記述が資料のデータからまとめられた「結果」のみを示している①、②のような場合はC評価。「結果」を示した上で、それによって同じ感染症に再度かかりにくいことが表現されている③のような場合はB評価。「結果」に基づいて同じ感染症に再度かかりにくい理由についても言及されている④のような場合にはA評価とすることが考えられる。

『ワクチン（予防接種）の効果』について

【資料】
　予防接種では、主に病原性を失ったウイルスなどの抗原をワクチンとして接種する。例えばインフルエンザワクチンでは、ウイルスを発育鶏卵内で培養し、増殖したウイルスを採取、精製した後、薬品を使ってこれを分解、不活化させたものを抗原として用いる。新型コロナウイルスワクチンでは、ウイルス粒子の表面にあるタンパク質の遺伝情報を含むmRNAをワクチンとして接種し、ヒトの体内で抗原となるタンパク質を作成させている。

【課題】
　上の資料と「抗体量の変化」で考察したことに基づいて、予防接種によってどのような効果がどのような仕組みで得られているのかを考えてみよう。

個人での考察	グループで考察した結果

【これらの枠への生徒の記述例】
①予防接種が 1 回目の抗原接種となるため、それ以降に病原体が体内に侵入すると、2 回目の抗原侵入に対する反応が起こる。そのため、予防接種によって感染症にかかりにくくなる効果がある。
②ワクチンによって 1 回目の抗原に対する反応が起こり、その後に病原体に感染したときには強い反応が起こるので、病気になりにくくなる。

【この部分の学習評価について】
　本時の評価は「抗体量の変化」での考察内容について行うので、このワークシートの評価については、内容に誤りがないかどうかを確認して、簡単なコメントを付して返却する。ここでは「予防接種」と「ワクチン」の区別が生徒に分かりにくいので、②のような記述については「ワクチンによって」を「ワクチン接種によって」に修正するなど、用語の正しい使い方を意識させるようにしたい。

【補足】
　学習評価については、この授業を通して生徒がどのように思考、判断して最終的に表現できるようになったかを見取るため、基本的に「グループで考察した評価」の記述内容について評価する。ICT端末を利用して「個人での考察」と「グループで考察した結果」を電子データで提出できる場合は、「個人での考察」と「グループで考察した結果」の内容変化について比較することで、生徒の傾聴力や説明力などを見取ることもできる。

免疫　2編　2章

2章 免疫 ⑥時 免疫と疾患

知・技

思・判・表

主体的

●本時の目標：　免疫の機能が変化することによる疾患について理解する。

●本時で育成を目指す資質・能力：　知識及び技能

●本時の授業構想

　　これまでに、異物を攻撃して排除する免疫機能がヒトに備わっていることを学んだ。本時では、この機能が低下した場合、または過剰になった場合にどのようなことが体に起こるかを考え、具体的な事例を踏まえながら免疫機能の変化によって生じる疾患について理解させる。

●本時の評価規準（B規準）

　　免疫機能の低下が原因となる疾患や、免疫の反応が過剰になることによる疾患について理解している。

---

①導入【課題の把握1】　　　　（10分）

今までの学びを振り返り、免疫の役割について確認する。本時の課題を確認する。

> これまで学んできた内容から、免疫とはどのような役割があるものだと考えましたか？

> 異物の侵入によって体内環境が変化しないように維持しているものです。

> そうですね。また、免疫はさまざまな相手に攻撃できますが、自分自身の細胞には攻撃しません。この状態を免疫寛容といいます。

> 体内環境の維持に働くはずの免疫ですが、調節機能が異常になると体内環境を乱し、病気の原因となる場合があります。今回はこのことについて学びます。

②展開1【課題の探究1】　　　　（20分）

「免疫の働きの低下による病気」について調べるグループと、「免疫の異常反応による病気」について調べるグループに分かれる。

> ではグループに分かれて、それぞれが担当する内容について調べていきましょう。

> このグループは免疫の働きの低下による病気担当だね。

> たしかAIDSは免疫が働かなくなる病気だったはず。

中学校からのつながり

　中学校保健体育では、AIDSの病原体はヒト免疫不全ウイルス（HIV）であることについて学習している。

ポイント

①導入　ここまでの学びを振り返り、免疫は異物の侵入によって体内環境が変化しないように維持する仕組みであり、細胞間の情報伝達によって多くの細胞が協力して行っていることを確認させる。また、自分自身の細胞や組織を攻撃しないのは、免疫寛容という状態が成立しているからであることを説明する。その後、本時の学習課題を提示する。

②展開1　二つのグループに分け、半分のグループは「①免疫の働きの低下による病気」について、残りの半分のグループは「②免疫の異常反応による病気」について調べさせる。それぞれ、「ア. 具体的な病名」「イ. どのような仕組みで病気になるのか」についてまとめるよう指示する。

③展開2　①の各グループの半数の生徒と②の各グループの半数の生徒を入れ替え、新しいグループをつくる。新しいグループの中で①について調べたメンバーと②について調べたメンバーとで、互いにまとめた内容を交流し、質疑応答を行う。これらの活動を通して、本時の学習課題に対する考えを各自でまとめさせる。

○免疫寛容…特定の抗原に対して免疫応答を起こさないこと

○次のような病気について、グループで調べてまとめる

　①免疫の働きの低下による病気
　②免疫の異常反応による病気

それぞれ、
　ア．具体的な病名
　イ．どのような仕組みで病気になるのか
　　　　　　　　　　について調べる。

○まとめ（例）
①免疫の働きの低下による病気
　ア．カンジダ症、ニューモシスチス肺炎など
　イ．糖尿病、AIDSや体力低下などによる免疫機能低下→普段感染しないものに感染
　　　※AIDS…HIVがヘルパーT細胞に感染して破壊
②免疫の異常反応による病気
　ア．アレルギー
　イ．過剰な免疫反応によって生体が不利益

　ア．自己免疫性疾患（Ⅰ型糖尿病など）
　イ．自分自身の正常な細胞に対する免疫反応

③展開2【課題の探究2】　　　　　（10分）
グループのメンバーの半数を入れ替え、互いにまとめた内容について説明、質疑応答を行いながら、学習課題に対する考えをまとめていく。

免疫の働きが低下すると、普段は病気にならないようなものでも病気になるらしいんだ。

よく知ってる花粉症も、免疫の異常が原因だった。

④まとめ【課題の解決】　　　　　（10分）
まとめた内容を共有し、教師からのフィードバックを聞いて確認する。

それぞれでまとめた内容は、グループ内で共有してください。

ではまとめた内容について、何人かに聞いていきます。

免疫の異常反応による病気には、Ⅰ型糖尿病などの自己免疫性疾患があります。
仕組みとしては、何らかの理由で免疫寛容の状態が崩れてしまい、自分の細胞などに対する免疫反応が生じることです。

そうですね。Ⅰ型糖尿病では、ランゲルハンス細胞のB細胞に対して免疫反応が起こってしまうそうです。

④まとめ　まとめた内容をいくつか発表してもらい、それに対して教師からフィードバックを行う。必要があれば補足の解説を行い、学習課題に対しての答えを整理する。このとき、AIDSは免疫の働きが低下する病気であって、免疫の異常反応によって起こる病気ではないことを確認させる。また、この免疫機能の低下を生じる原因が、ウイルスによるヘルパーT細胞の破壊であることを説明しておきたい。さらに、自己免疫性疾患の例としてⅠ型糖尿病を取り上げ、前単元で学んだ内容とのつながりも意識させたい。

本時の評価（指導に生かす場合）
　日和見感染症と呼ばれる免疫機能の低下によっ

て発症する病気とその発症の仕組み、アレルギーや自己免疫疾患などの免疫の過剰反応による病気とその具体例を挙げ、まとめることができていればB規準とする。

2章 免疫 ⑦時　学習の振り返り

知・技

思・判・表

主体的

●本時の目標：　免疫についてのこれまでの学びをコンセプトマップにまとめて振り返り、本単元で分からなかったことや新たに疑問に思ったことをどのように解決しようとしたかを表現する。

●本時で育成を目指す資質・能力：　学びに向かう力、人間性等

●本時の授業構想

　　本時では、免疫に関するコンセプトマップを作成させて、免疫に関する概念を整理しながら、本単元の振り返りを行う。

●本時の評価規準（B規準）

　　免疫の単元を通して、分からなかったことや新たに疑問に思ったことをどのように解決しようとしたかを表現しようとしている。

・本時の課題

免疫に関するコンセプトマップを作成して、免疫の学習を振り返ろう。

---

①導入【課題の把握】　　　　　（10分）

前時の内容を振り返る。

> 免疫が関わって発症する疾患にはどのようなものがあったでしょうか？

> 花粉症などのアレルギーは、免疫が過剰に働くことが原因だったね。

> 自分の免疫が自分自身を攻撃してしまう、自己免疫疾患というのもあったね。

> AIDSはウイルスがリンパ球に感染して、免疫が機能しなくなるんだったね。

> そういえば、Ⅰ型糖尿病も自己免疫疾患だったね。

②展開1【課題の探究1】　　　　（20分）

免疫に関するコンセプトマップを作成する。

> これまでの学習を振り返り、免疫に関するコンセプトマップを作成してください。「自然免疫」「体液性免疫」「抗体」「免疫記憶」「アレルギー」の五つのキーワードは必ず使用してください。

> 自然免疫は「好中球」と「マクロファージ」「樹状細胞」それぞれにつなげよう。

> 自然免疫と対になる「適応免疫」にもつないだ方がいいかな。「体液性免疫」があるなら「細胞性免疫」も入れなければ。

> アレルギーは「アナフィラキシー」とつなげよう。免疫記憶は「二次応答」「予防接種」とつなげようかな。

ポイント

①導入　前時で学んだ免疫が関わって発症する疾患について確認させる。また、本時では今までの学習内容を振り返ることを伝える。

②展開1　免疫に関するコンセプトマップを作成させる。コンセプトマップの作成には、Microsoft PowerPointやGoogleスライドを用いる。事前にテンプレートを作成しておき、それを生徒に配布し編集させ、提出してもらう形をとることで、生徒にも教師にも負担が減る。コンセプトマップの作成時には、いくつかのキーワードの使用を必須とし、それを中心に学習内容を振り返りながら（教科書や授業プリント・ノートを確

認しながら）作成していく。授業中に終了しない場合は、課題として取り組ませてもよい。

③展開2　作成したコンセプトマップについて、他者のものと見比べ、適切に変更したり、キーワードやつながりを追加したりさせる。

④まとめ　これまでの学習活動について「（1）分からなかったことをどのように解決したか」「（2）今後の学習活動をどのようにに改善するか」の二つの観点について振り返らせる。具体的にどのようなことを解決できたのか、どのように改善するかを表現させる。

本時の評価（生徒全員の記録を残す場合）

　　免疫の単元の学習を振り返って、分からなかっ

○情報の伝達の
　コンセプトマップの例

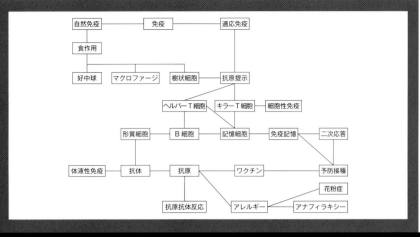

③展開2 【課題の探究2】　　　　　（10分）

作成したコンセプトマップを全体共有する

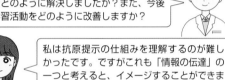

作成してくれたコンセプトマップを確認してみましょう。「いいな」と思った部分は自身のコンセプトマップに生かしてください。

他者のコンセプトマップを確認して、自身のコンセプトマップを訂正することは大変重要です。理解が不足していたり、抜けている部分について確認したりすることになります。色分けしておきましょう。

④まとめ 【課題の解決】　　　　　（10分）

これまでの生徒自身の学習活動について振り返る。

これまでの学習について、分からなかったことをどのように解決しましたか？また、今後の学習活動をどのように改善しますか？

私は抗原提示の仕組みを理解するのが難しかったです。ですがこれも「情報の伝達」の一つと考えると、イメージすることができました。

私はリンパ球のいろいろな動きを整理するときに、図にまとめてみると理解しやすかったので、今後も整理するときにやってみようと思います。

これまでの学習内容とつなげると理解しやすいものもあり、学んだ内容が他の単元で学んだこととどうつながっているか、意識することも大切だと思いました。

たことや新たに疑問に思ったことをどのように解決しようとしたか、その方法について記述させることで「粘り強く取り組んだか」について評価する。さらに、今後の学習に向けて、自分の学習方法についての課題をどのように改善していくか、その方法について記述させることで「自己調整能力」について評価する。その際、内容が具体的に記述されていればB規準とする。

授業の工夫

コンセプトマップは知識の構造化につながる。また、一方向のつながりではなく、環状の構造ができることで、より深い理解がされていると考えられる。本時は、3回目のコンセプトマップの作成であるため、使用するキーワードを20個に増加した上で、環状のつながりを求めるとよい。キーワード間の複雑なつながりを思考させることで概念の理解を促し、この過程を通すことでこの単元の学習を振り返りやすくしている。

この本を手に取ってくれた皆さんへ

第2編第1章　執筆者
堀口　人士
（北海道帯広三条高等学校）

　私からは三つのことをメッセージとして送ります。

1　変化し続けること

2　人とのつながりを大切にすること

3　授業を探究すること

1　変化し続けること

　生物学は新しい学問です。教科書に新しく発見されたことが掲載されるようになったり、昔は正しいと考えられていたことが誤りであることが分かったり、未知なことが多い学問だからこそ、生物学は変化し続けています。学校現場も同様ではないでしょうか。社会が変わり、生徒が変わっていく。そんな中、我々教員も変化し続けることが重要です。変化を楽しみ、変化をし続ける人でいたいですね。

2　人とのつながりを大切にすること

　こうしてこの原稿を記載しているのも、先輩教員の皆さんとのつながりがあったからこそ。私は、ある研究会で先輩教員が提案した授業方法の研究の協力者に手を挙げました。そこから、いろいろな人とつながり、多くの刺激を受

け、私自身の考え方も大きく変わっていきました。忙しい日々で余裕はないかもしれませんが、研究会などに参加をして、人とのつながりを作ることで、必ず自分の成長につながります。ぜひ気楽な気持ちで一度参加をしてみてください。

3　授業を探究する

　育みたい生徒の資質・能力を検討する（課題の設定）、授業を計画して実践する（情報の収集）、生徒の課題への解答や振り返りシートの内容を確認する（整理・分析）、授業について振り返る（まとめ・表現）。ちょっと強引な気もしますが、探究のプロセスは回っていそうです。授業に探究の場面を取り入れることが重視されていますが、それとともに教員自身がより良い授業を目指して探究していくことも重要だと思います。

　最後になりますが、忙しい日々の中でも授業作りの楽しさを忘れないでいてください。無理をしすぎずに、心と体に余裕をもって、授業作りを楽しんでいきましょう。

「分かる」ためには、本質を見るための考え方や技術が重要

第2編第2章　執筆者
金本　吉泰
（酪農学園大学循環農学類）

　教員になりたての頃は、授業をどのように進めていけば良いのかいつも悩んでいました。はじめは自分が教わった授業を模しながら「生徒が分かりやすい授業」を追いかけていました。それがあるとき、自分が「生徒が分かりやすい授業」にしようと思って工夫してきた授業は、実は「生徒を分かったつもりにする授業」だったのではないかと、ふと考えました。そして次に、生徒が本当に「分かる授業」とはどのようなものなのかに悩みました。中学校、高校の教員として計17年間を過ごし、現在は大学の教員として授業を担当していますが、いまだに満足のいく答えは出せていません。

　ただ、自分のこれまでの経験から、「分かる」ためには、本質を見ようとする意欲と本質を見るための考え方や技術が必要だと考えています。私にとって、この「本質を見るための考え方や技術」というのは、本を読んだり動画を見たり人の話を聞いたりするだけでは十分に身に

つかず、他者の考え方に触れ、多面的な視点や思考を働かせながら自分の頭で考え、行動することでしっかり身につくものでした。これを身に付けるためにも、「主体的、対話的で深い学び」が重要だと考えています。また、教員はこれを授業で実践するうえで、より多くのホンモノ（実験結果や資料等も含みます）と生徒が出会う機会をつくり出すことと、ホンモノと対峙したときに生徒たちが考えるように仕掛けをすること、考えて協議するための時間を確保して待つこと、考えたことを表現させてそれに対する適切なフィードバックを行うこと、という流れが大きな鍵を握っているように思います。この本にはそのような授業の展開が具体的に示されていますので、それらを参考にしてスタートしていただき、一緒に「生徒が分かる授業」を目指していただければありがたいです。

COLUMN

どんな子どもたちを育てたいですか

野内　頼一

（日本大学文理学部 教授）

　今の子どもたちやこれから誕生する子どもたちが成人して社会で活躍する頃には、我が国は挑戦の時代を迎えていると予想されています。そして、生産年齢人口の減少、グローバル化の進展や絶え間ない技術革新等により、社会構造や雇用環境は大きく変化し、子どもたちが就くことになる職業の在り方についても現在とは様変わりすることになるだろうと指摘されています。将来を予測することが困難な時代を前に、子どもたちは自らの人生をどのように拓いていくことが求められるのでしょうか。これからの未来に対応していくためには、受け身ではなく、物事に主体的に関わり、そのプロセスを通して、一人一人が自らの可能性を広げていくことが大切だと考えます。

　これからの時代を迎えるに当たって、私たちはどんな子どもたちを育てたいのでしょうか。この問いに明確な答えはありません。以下はある大学の理科教育法の授業において、「どんな子どもたちを育てたいですか」という問いに対する大学生の率直な意見です。理工系の学部の大学生であり、すべてが教師を目指す学生ではないかもしれませんが、これからの時代を考えてさまざまな角度から自分の考えを述べてくれました。教職を考える学生も時代の変化を敏感に感じ取っています。

【どんな子どもたちを育てたいですか】

（A 大学理工系学部の理科教育法の授業における発言から）

・単発の知識ではなく、知識と知識を結び付けられるような生徒

・理科なので、実験をやって課題を見つけてそれを解決していけるようにしたい

・自分の考えを伝えられる、自分に自信がもてるようになってほしい

・言われたことをやるだけでなく、言われたことをほんとかなと思えるようにしたい

・自分で学びたいと思ったことを勉強していく、教師はそのきっかけをつくれたらと思う

・問いかけに対して反応がよい　きちんと対応できる生徒

・自分の主観だけでなく客観的な視点をもつ、自分の視野を広げる、他者の意見を聞く、自分の知らないことを知りたいと思えるような生徒

・学習指導要領を超えるような内容でも興味をもてるようにしたい

・本質的な質問が出来る生徒

・習ったことを発展できる　他の領域（分野）へ応用できる生徒

　子どもたちの可能性を伸ばすために、どのような授業が望まれるのでしょうか。もちろんこの問いにも正解はありません。変化を見通せないこれからの時代において、新しい社会の在り方を自ら創造することができる資質・能力を子どもたちに育むためにはさまざまなやり方が考えられ、私たち教師も試行錯誤しながらより良い方法を模索していくことが大切だと考えます。その根幹に授業があると思います。生徒が知的好奇心をもって身の回りの自然の事象に関わるようになることや、その中から得た気付きから疑問を形成し、課題として設定することができるようになる理科の授業を目指したいものです。

　この探究型高校理科 365 日生物基礎編がたたき台となり、試行錯誤を行うプロセスを大事にすることで、より良い授業づくりにつながっていくことを願っております。

生物の多様性と生態系

第 1 章　植生と遷移

第 2 章　生態系とその保全

第3編　生物の多様性と生態系
1章　植生と遷移（7時間）

1 単元で生徒が学ぶこと

　植生を成立させる環境要因や環境形成作用により遷移が進行することを理解するとともに、それらの観察、実験、記録などに関する技能を身に付けること。

2 この単元で（生徒が）身に付ける資質・能力

知識及び技能	植生と遷移について理解するとともに、それらの観察、実験などに関する技能を身に付けること。また、生態系の保全の重要性について認識すること。
思考力、判断力、表現力等	植生と遷移について、観察、実験などを通して探究し、植生の多様性及び生物と環境との関係性を見いだして表現すること。
学びに向かう力、人間性等	植生と遷移に主体的に関わり、科学的に探究しようとする態度と、生命を尊重し、自然環境の保全に寄与する態度を養うこと。

3 単元を構想する視点

　この単元では、植生が成立する要因や遷移について学ぶ。日本は年間降水量が多く森林が発達しやすい環境にあるが、国土は南北に長く、高低差のある地形のため、気温に応じたさまざまなバイオームが見られる。そこで、身近にある校庭などの植物の観察により、その地域の環境に応じた植生が成り立っていることを理解させたい。その上で、日本や世界のバイオームについて理解を深めるとともに、環境形成作用により変化する環境に応じて遷移が進行することを学ばせたい。遷移を学ぶ際には、ICT機器を活用し、三宅島、桜島、西ノ島などを題材として扱うことも考えられる。

　生徒は中学校までに以下のような学習を行っている。単元の導入時にこれらの内容を振り返って想起させることで、よりスムーズに学習に取り組ませたい。

生活科	身近な自然の観察、遊び道具としての利用や動物や植物を対象とした学習
小学校理科	身の回りの生物、季節と生物、生物と環境
中学校	生物の観察と分類の仕方、生物と環境、自然の恵みと災害、自然環境の保全と科学技術の利用

4 本単元における生徒の概念の構成のイメージ図

単元のねらい

観察などを通して、植生を成立させる環境要因について考えさせ、環境形成作用により変化する環境に応じて遷移が進行することを学ばせたい。

| 植生の成り立ち | ・環境要因に応じて植生は成立しているんだね。
・降水量や気温以外にも光や土壌など環境要因はさまざまなんだね。 |

| 遷移 | ・生物の営みで環境は変化して、その変化した環境に応じて遷移が進むんだね。 |

5 本単元を学ぶ際に、生徒が抱きやすい困り感

フタバガキとか見たことないんだけど。タブノキってどんな植物なのかな？

遷移って何？
途中で止まったりするの？
最終的にどうなったらいいの？

相観とか、植生とか、バイオームとか似たような語句は困るよ。

環境形成作用って簡単にいうとどういうこと？

6 本単元を指導するにあたり、教師が抱えやすい困難や課題

樹木のこと、よく知らないから結局、丸暗記に頼っています。

校舎外に出て観察する時間がとれません。

植生と遷移（全7時間）

単元の指導イメージ

身近な植物について、小中学校で学んだことを思い出してみよう。

たしか、タンポポの根がものすごく深いところまで伸びていたよ。

降水量、気温、光、土壌などの要因が植生に影響を与えているんだね。

みんなが調べた植生はずっと変わらないと思いますか？

環境形成作用によって、環境も変化するんだね。

ということは、その影響を受けて植生は変化するってことかしら？

時間	単元の構成
1	**身近な植物と環境1** 探究活動①-1　校庭の植生を調べよう
2	**身近な植物と環境2** 探究活動①-2 　前時に調べたことをまとめよう
3	**バイオーム** 探究活動② 　日本のバイオーム図をつくろう
4	**光と植物1** 探究活動③ 　陽葉と陰葉の断面を観察しよう
5	**光と植物2** 森林の階層構造を考えよう
6	**遷移** 桜島の植生について説明しよう
7	**単元の振り返り**

本時の目標・学習活動	重点	記録	備考（★教師の留意点、〇生徒のB規準）
校内に生育する植物の名前や生育場所を調べ、植生の成り立ちや環境要因について理解する。	知	〇	★観察記録にICT機器を活用させる。 ★あらかじめ生育している植物や安全性を把握しておく。 〇校内に生育する植物や生育場所の様子を観察し、その特徴を記録することができている。（記述分析）
校内に生育する樹木の特徴、生息域などを調べ、地域の環境に応じた自然の姿があることを見いだす。班ごとに発表し、相互評価を行う。	思		★その植物がもつ特徴や生息域だけでなく、環境要因についても触れさせる。
日本各地の暖かさの指数を求めた結果をもとにバイオーム図を作成し、日本のバイオームの概観について説明する。	思	〇	★教科書に掲載されているバイオームと異なる結果が出た場合、垂直分布や温暖化が要因として関係することも考えさせる。 〇日本各地の暖かさの指数を求めた結果をもとに、日本のバイオームの概観を説明することができる。（記述分析）
陽葉と陰葉の断面の観察から、光量に応じた特徴をもつことを見いだすとともに、呼吸量や光合成量と関連付けて表現する。	思	〇	★観察やスケッチを通して構造の違いに気付かせる。 〇陽葉と陰葉の断面の観察結果から、それぞれ光量に応じた特徴をもつことを見いだして表現している。（記述分析）
森林の階層構造について、光合成曲線を用いて林床でも植物が生育できる理由を説明する。	思		★光合成曲線を用いて説明させる。その際、環境形成作用について触れる。
桜島の溶岩（マグマ）が流れた後の現在の植生について、一次遷移のどの段階か説明する。相互評価を行う。	思		★導入時に環境形成作用により、環境要因は変化することに触れる。
振り返りシートを用いて、生徒自身が本単元の学習について振り返り、自己評価する。	態	〇	〇単元の振り返りシートに具体的な場面を挙げて、改善点や頑張った点を挙げたり、学習の過程で生じた疑問について調べたりしたことを記述することができている。（記述分析）

1章 植生と遷移 ①時　身近な植物と環境1
（探究活動①-1）

知・技

思・判・表

主体的

・本時の課題

身の周りにはどのような植物がどのような場所に生育しているか、調べてみよう。

●本時の目標：　校内に生育する植物の名前や生育場所を調べ、植生の成り立ちや環境要因について理解する。

●本時で育成を目指す資質・能力：　知識及び技能

●本時の授業構想

　　身近な植物を調べることで、生徒の植物に対する関心を高めさせる。また地域や場所によって植物の生育に違いがあることに気付かせ、植生に影響を与える環境要因について理解させる。その際、1人1台端末を活用させる。

●本時の評価規準（B規準）

　　校内に生育する植物や生育場所の様子を観察し、その特徴を記録することができている。

---

①導入【課題の把握】　　　　　　（5分）

植物の生育場所とその周辺の環境要因について考えてみる。

校庭にはどのような植物がどんなところに生息していましたか？小中学校で観察したことを思い出してみよう。

日なたの植物や日陰の植物を観察したよ。タンポポの根を掘り起こしたことがあるよ。

②展開1【課題の探究1】　　　　　（20分）

校庭で観察（撮影）、生育場所の調査をする。

校庭に出て、草花や木の特徴を観察して、どのような場所に生息しているか調査しよう。

どこから調査しようかな？たしか、管理棟の前に小さな庭園があったね。
端末も忘れずにもっていこう。

中学校からのつながり

　中学校では、身近な生物の観察として草本を主に日なたや日陰に生育する植物を観察している。また、ルーペを用いて観察し、特徴をスケッチしている。

ポイント

①導入　中学校で観察した植物名を挙げさせ、環境によって生息している植物種が異なることを想起させる。中学校では、草本類を主に観察しているので、校庭に植えられているイチョウやケヤキ等の樹木も思い出させたい。

②展開1　グループで行動させ、1人1台端末とアプリを活用し調査を行わせる。教師があらかじめ校内の植物について概観を把握しておくとよい。生徒に観察する場所を自由に選ばせてもよいが、キーワード（相観や優占種）に関連する植物の生息場所が含まれるような指示をしておくと展開がスムーズになる。昔ながらの校庭にはさまざまな樹木が植えられており、代表的な樹木は網羅されている場合が多い。カシ類・クスノキ・ヤブツバキ（照葉樹）、イロハモミジ・ケヤキ（夏緑樹）・イチョウ・ソテツ（裸子植物）などは特徴的なので見つけやすい。

③展開2　調査用紙の中にある校内の白地図を用いて、調査結果を整理させる。目立った植物や植物の周りの環境がどのようであったか（光・水・

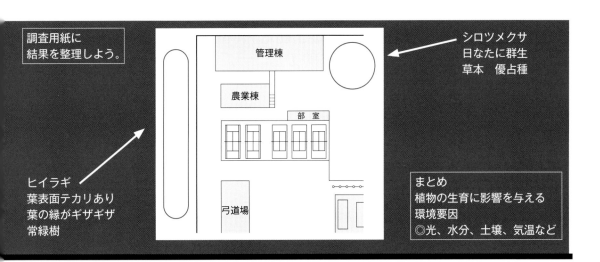

調査用紙に
結果を整理しよう。

シロツメクサ
日なたに群生
草本　優占種

管理棟

農業棟

部室

弓道場

ヒイラギ
葉表面テカリあり
葉の縁がギザギザ
常緑樹

まとめ
植物の生育に影響を与える
環境要因
◎光、水分、土壌、気温など

③展開2【課題の探究2】　　　　（15分）
調査結果を整理し、グループ内で共有する。

どんな植物が目立ったかな？
植物が育っている周りはどのような環境だっ
たかな？

うちの学校にはヒイラ
ギばかり植えられてい
たよ。なぜかな？

水飲み場の近くにシ
ロツメクサが生えて
いたよね。

④まとめ【課題の解決】　　　　（10分）
植物が育つ環境要因には複数あることを理解する。

植物の生育に影響を与える環境要因を挙げて
みよう。

水分とか光とかいくつか考えられるよね。

土の固さも全然違っていたよ。

土壌・気温など）をグループ内で共有させる。
④まとめ　黒板に白地図を掲示する。それぞれの
班で整理した内容を発表させる。植物の生育に影
響を与える環境要因（光・水・土壌・気温など）
についてクラス全体で共有する。

本時の評価（生徒全員の記録を残す場合）
　校内に生育する植物名やその特徴とともに、生
育環境について記録することができていることを
Ｂ規準とする。調査用紙の記述で評価する。なお、
これらを学習履歴としてファイル等に綴じさせ、
単元の振り返りで活用することも考えられる。

授業の工夫
　生物基礎では樹木も扱われるので、その地域の
バイオームを代表するような樹木について触れて
おくと、今後の学習につなげやすい。窒素固定を
する根粒菌と共生関係にあるシロツメクサなどは
他の学習でも活用できる植物である。また、時間
に余裕があれば「生物」につながる植物として、
コケ植物、シダ植物、イチョウ、ソテツなどにも
触れておきたい。

1章 植生と遷移 ②時 身近な植物と環境2
（探究活動①-2）

・本時の課題

校庭に生育する樹木の特徴や生息域を調べて、発表しよう。

知・技
思・判・表
主体的

●本時の目標： 校内に生育する樹木の特徴、生息域などを調べ、地域の環境に応じた自然の姿があることを見いだす。

●本時で育成を目指す資質・能力： 思考力、判断力、表現力等

●本時の授業構想
　前時に観察した校庭に生育する樹木の特徴や生息域について、1人1台端末等を活用して調べて発表する過程で、生徒が他の地域にも視点を向け、各地域の環境に応じた自然の姿があり、それらを決定する環境要因があることに気付かせたい。

●本時の評価規準（B規準）
　各地の気温に応じた樹木が生育していることを見いだして説明することができる。

---

①導入【課題の把握】 （5分）
校庭に生育していた樹木の特徴を振り返る。

校庭に植えられている樹木はどのような特徴がありましたか？前時の調査を思い出してみよう。

マツがあったよ。葉はトゲトゲだけどいい匂いがしたよ。
ツバキもあったよ。葉の表面がテカテカしていたよ。

②展開1【課題の探究1】 （15分）
1人1台端末等を活用して樹木の特徴や生息域について調べる。

クラスで分担して、班ごとに樹木の特徴や生息域を調べてみよう。

僕たちはソテツを調べます。

私たちはケヤキを調べます。

中学校からのつながり
　中学校教科書では、以下の樹木名が記載されている（一部抜粋）。マツ・スギ・イチョウ・メタセコイア・ソテツ・ハイマツ・ケヤキ・ブナ・ヤブツバキ・ソメイヨシノ・イロハモミジ・クヌギ・シラカバなど。

ポイント
①導入　前時の観察調査結果から校庭に生育している樹木名とその特徴を挙げさせる。日本は年間降水量が豊富なため、森林が発達しやすい。そこで、気温に応じて葉の特徴が異なる樹林が広がるので、葉に注目させて特徴を説明させるとよい。
②展開1　グループで活動させ、1人1台端末を

活用して調べ学習を行わせる。針葉樹であるヒマラヤスギや夏緑樹であるケヤキやイロハモミジ、照葉樹であるヤブツバキやクスノキ、亜熱帯地方に見られるソテツなどから、各班1種類を対象にして調べさせ、1枚のスライドにまとめさせる。また、各班で調べた内容を発表し、相互評価することも伝える。準備として生徒の様子に合わせた相互評価の基準やコメント欄を盛り込んだ相互評価シートを作成しておくとよい。
③展開2　日本の白地図を用いて、生息域を示しながら説明させる。相互評価の際には、評価規準の確認を行い、評価される側にとって改善に役立つようなコメントを記述することを伝える。

発表会
（相互評価活動）

ソテツ　裸子植物

自生　北限

蘇鉄（ソテツ）だけあって、弱っても鉄を与えると蘇る

まとめ　日本は年間降水量が多く森林が発達　気温に応じたバイオームが広がる。

③展開2【課題の探究2】　　　　（20分）
調べたことを発表する。その際、相互評価をする。

発表の際には、日本地図で生息域を示しましょう。相互評価の際には相手に役立つコメントを心がけましょう。

評価規準を確認しておこう。

どんなコメントがいいかなあ。

④まとめ【課題の解決】　　　　（10分）
各班の発表から気付いたことをまとめさせる。

日本の地形の特徴と合わせて考えよう。

気温に応じて生育する樹木が違うね。だから、山の樹木も標高が上がるにつれて変化するんだね。

今度、登山したときに観察してみよう。

④まとめ　複数の班で発表を行うことで、日本全体のバイオームの概要を掴むことができる。日本は南北に長い地形をしていることから、環境要因である気温が異なること、それに応じた樹木が生育していることを見いださせたい。

本時の評価（指導に生かす場合）
　生徒の発表内容から各地の気温に応じた樹木が生育していることを見いだしているかを確認し、今後の指導に生かす。なお、これらを学習履歴として1人1台端末のファイル等に綴じさせ、単元の振り返りで活用することも考えられる。

授業の工夫
　標高によって植生が変わることにも気付かせた

い。また、前時とともに植生に関する授業では観察を伴うので、それぞれの地域の適切な季節に合わせて実施するとよい。

1章 植生と遷移 ③時 バイオーム（探究活動②）

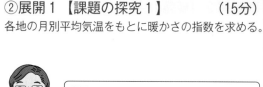

知・技	
思・判・表	
主体的	

●本時の目標： 日本各地の暖かさの指数を求めた結果をもとにバイオーム図を作成し、日本のバイオームの概観について説明する。

●本時で育成を目指す資質・能力： 思考力、判断力、表現力等

●本時の授業構想

　暖かさの指数をもとに、班ごとに日本各地のバイオームを推定し、日本のバイオームの概観について説明させる。

●本時の評価規準（Ｂ規準）

　日本各地の暖かさの指数を求めた結果をもとに、日本のバイオームの概観を説明することができる。

---

①導入【課題の把握】　　　　　（5分）

植生を成立させる環境要因を振り返る。

植生を成立させる環境要因にはどのようなものがあったかな？

光、降水量、気温、土壌などいろいろありました。

---

②展開1【課題の探究1】　　　（15分）

各地の月別平均気温をもとに暖かさの指数を求める。

学習シートの各都市の月別平均気温から暖かさの指数を求めよう。

僕は東北地方を調べるよ。

私は九州地方を調べるよ。

中学校からのつながり

　中学校では、生物の観察を通して、自然界のつり合いや自然環境の恵みと災害など環境領域での学習をしているが、日本や世界に視点を広げたバイオームについては学習していない。

①導入　これまでの学習では、植生の成立に影響を与える環境要因について学んでいる。今回は暖かさの指数を用いて、日本全体のバイオームの概観を学ぶことを確認させる。

②展開1　グループ内で役割分担させ、1人1台端末を活用して各都市の暖かさの指数を求めさせる。暖かさの指数は、月平均気温が5℃以上の月について、その月の平均気温から5℃を引いた値同士を足し合わせて求める。それによりバイオームを推定できる。

（例）稚内のバイオーム

| 稚内の月別平均気温（℃） | 1月 -4.4 | 2月 -3.9 | 3月 0.3 | 4月 5.4 | 5月 9.3 | 6月 10.3 |
| | 7月 16.8 | 8月 19.8 | 9月 17.4 | 10月 10.7 | 11月 4.7 | 12月 -2.8 |

$(5.4-5)+(9.3-5)+(10.3-5)+(16.8-5)+(19.8-5)+(17.4-5)+(10.7-5)=54.7→$夏緑樹木

③展開2　日本の白地図を用いて、結果を整理させる。各都市にバイオームの印をマークし、分布を把握させる。

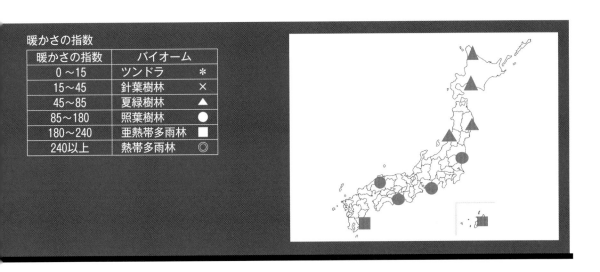

暖かさの指数	バイオーム	
0〜15	ツンドラ	＊
15〜45	針葉樹林	×
45〜85	夏緑樹林	▲
85〜180	照葉樹林	●
180〜240	亜熱帯多雨林	■
240以上	熱帯多雨林	◎

暖かさの指数

③展開2【課題の探究2】　　　　　　（15分）

求めた指数を用いて、日本のバイオーム図を作成する。

日本はどのようなバイオーム分布になるのかな？

緯度に応じて、バイオームが分布していることが分かるね。

さらにデータを増やしてみよう。

④まとめ【課題の解決】　　　　　　（15分）

日本のバイオーム図から気付いたことを班内で話し合う。

バイオーム図を見て、気付いたことを挙げよう。

教科書に載っているバイオーム図と比べてみよう。

温暖化でバイオームが変化しないのかな。

④まとめ　それぞれの班で整理した白地図と教科書等の参考資料を見比べたりしながら、気付いたことや自分なりの考えを挙げさせ、学習シートに記入させる。

本時の評価（生徒全員の記録を残す場合）

学習シートの記述内容をもとに、「日本のバイオームの概観について説明できているか」で評価する。例えば、日本に見られるバイオームと地理的な位置との関係を記述している場合は、B規準とすることが考えられる。

授業の工夫

推定したバイオームが参考資料と合致しない原因の一つとして、地球温暖化の影響も考えられる。

そこから環境問題につなげて考えさせることもできる。バイオームは植生で表現されているが、その他の生物の生息場所となっていることにも触れたい。月別平均気温は気象庁などのHPに掲載されているので、各班の観測年を揃えて暖かさの指数を求めさせる。

＊暖かさの指数を求める
学習シートはこちらのQRコード（本書の書誌情報URL）にアクセスしてダウンロードして下さい。

3編
1章
植生と遷移

1章　植生と遷移 ④時　光と植物1（探究活動③）

知・技

思・判・表

主体的

光学顕微鏡を用いて陽葉と陰葉の断面を観察・比較し、どのような特徴があるか考察しよう。

●本時の目標：　陽葉と陰葉の断面の観察から、光量に応じた特徴をもつことを見いだすとともに、呼吸量や光合成量と関連付けて表現する。

●本時で育成を目指す資質・能力：　思考力、判断力、表現力等

●本時の授業構想

　中学校までは植物の外形の観察を行っている。本時では葉断面の観察を通して、葉の厚みの違いから呼吸量や光合成量と関連付け、光量に対する適応であることを考察させる。

●本時の評価規準（B規準）

　陽葉と陰葉の断面の観察結果から、それぞれ光量に応じた特徴をもつことを見いだして表現している。

---

①導入【課題の把握】　　　　　　　　　（5分）
日なたと日陰の植物の特徴を想起する。

日なたと日陰の植物を比較するとどのような違いがあったかな？

日なたは色が濃くて、茎や葉がしっかりとしていました。日陰は色が薄くて、ヒョロヒョロしていました。

---

②展開1【課題の探究1】　　　　　　　（20分）
陽葉と陰葉の断面を観察する。

同じ木の葉も光の当たり方で葉のつくりの違いがあるのかな？

遺伝子が同じだから、日なたも日陰も同じだと思う。

ツバキの葉を光学顕微鏡で観察してみよう。

中学校からのつながり

　中学校では、身近な植物の外部形態の観察を行い、その観察記録などに基づいて、共通点や相違点があることを見いだして、植物の体の基本的なつくりを理解している。

ポイント

①導入　中学校までの学習と前時までの観察を想起させる。これまでの学習では外形観察を行っているので、光学顕微鏡を用いて葉断面を観察、比較し、違いが生じる要因について考えることを伝える。

②展開1　葉の切片は教師が準備する。ホールスライドガラスを用いて、水で封入しプレパラートとする。学習シートにスケッチさせ、各組織の名称を確認させ、陽葉と陰葉の比較から気付いたことを記入させる。時間短縮のためにスケッチの代わりに、顕微鏡写真を撮らせてもよい。

切片（数枚）は水に浮かべておく。

③展開2　黒板に陽葉と陰葉の断面を提示し、葉の厚みに違いが生じる理由について考えさせる。その際、単位面積当たりの細胞数、呼吸量、光合成量に着目させた上で、ペアあるいはグループで理由を考えさせる。

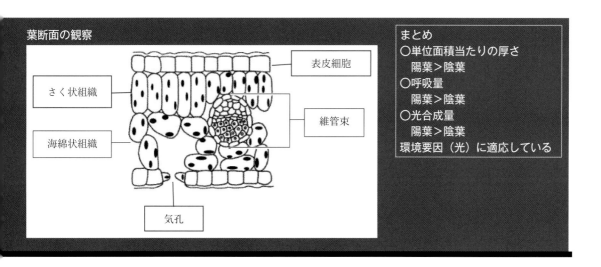

葉断面の観察

- 表皮細胞
- さく状組織
- 海綿状組織
- 維管束
- 気孔

まとめ
○単位面積当たりの厚さ
　陽葉＞陰葉
○呼吸量
　陽葉＞陰葉
○光合成量
　陽葉＞陰葉
環境要因（光）に適応している

③展開2【課題の探究2】　　　　　　（15分）
葉の厚みに違いが生じる理由について呼吸量と光合成量を踏まえて考える。

陽葉と陰葉を比べると、葉の厚みが違うのはなぜかな？ペアで考えてみよう。

厚いっていうことは、そのぶん細胞が多いんじゃない？

ということは、呼吸量が多くなって、たくさん光合成をする必要があるよね。

④まとめ【課題の解決】　　　　　　（10分）
環境要因である光量に対する適応であることを見いだして表現する。

なぜ、異なる特徴をもっているのか説明しよう。

もし、日なたの葉が日陰にあったらどうなるかな？
日なたの葉は厚みがあって呼吸量が多いから、日陰だと光合成で得られる有機物が足りなくなるよ。

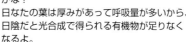

④まとめ　各ペアあるいはグループからの意見を集約する。学習シートへ自分の言葉でまとめさせる。この時間は評価するので、学習シートを提出させる。

本時の評価（生徒全員の記録を残す場合）
　陽葉と陰葉の断面の観察結果から、光量に応じた特徴をもつことを見いだして表現しているかどうかで評価する。

授業の工夫
　時間に余裕があれば、葉の外形も観察、スケッチさせたい。ツバキなどの照葉樹の葉表面にはクチクラが発達している。また、断面図にあるように葉緑体は孔辺細胞を除く表皮系には見られない。

時間が不足する場合や、特徴的な違いが得られない場合は陽葉と陰葉の断面をICT機器で提示するとよい。落葉広葉樹や常緑広葉樹の葉の比較から、生息地域の環境への適応を考えさせることも考えられる。時間に余裕がなければ、陽葉と陰葉の断面の写真を撮って比較させてもよい。

1章 植生と遷移 ⑤時 光と植物 2

・本時の課題

光合成曲線を用いて林床でも植物が生育できる理由を説明しよう。

知・技
思・判・表
主体的

●本時の目標: 森林の階層構造について、光合成曲線を用いて林床でも植物が生育できる理由を説明する。

●本時で育成を目指す資質・能力: 思考力、判断力、表現力等

●本時の授業構想

　植物の成長に必要な光の量は種類によって異なり、届く光の量に応じた植物が生息している。本時では、光合成曲線を用いて林床でも植物が生息できる理由を説明させたい。

●本時の評価規準（B規準）

　光合成曲線を用いて林床でも植物が生育できる理由を陽生植物と陰生植物の光補償点に着目しながら説明できる。

---

①導入【課題の把握】　　　　　　　　（5分）

前時を振り返った後、森林の階層構造と光合成曲線を確認する。

森林内はどんな植物が生育しているのかな？

林床にはシダ、林冠にはタブノキやスダジイが見られます。

林床では、明るくないのに、植物が育っているのはなぜかしら？光合成曲線を用いて、説明しよう。

---

②展開1【課題の探究1】　　　　　　（15分）

林床でも植物が生育できる理由を、グループで考える。

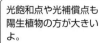

学習シートの陽生植物と陰生植物の光合成曲線を比較してみよう。

光飽和点や光補償点も陽生植物の方が大きいよ。

陽生植物の方が呼吸量は大きいね。

中学校からのつながり

　中学校では、身近な植物などについての観察、実験を通して、生物の調べ方の基礎を身に付け、植物の体のつくりと働きを理解し、植物の生活と種類について認識を深めている。

ポイント

①導入　前時を振り返らせた後、森林の階層構造と光合成曲線を提示する。生徒の状況に合わせて、クラス全体で光合成曲線の読み取りをすることも考えられる。森林内部の様子を提示する際に、林床の照度に触れておく。どのような樹木が生育しているか、陽樹か陰樹かなどを確認させるとよい。

②展開1　暗い林床でも植物が育っているのはな

ぜか、グループで考えさせる。その際、光補償点の違いについて着目することを伝えておくとよい。

③展開2　班で考えたことをまとめさせる。提示した森林内部の樹種が陰樹に偏っていることに気付く班があれば、全体発表の際に取り上げたい。ちなみに、陽樹の代表例はサクラ、アカマツ、クロマツ、コナラ、クリ、ケヤキ等である。陰樹の代表例はクスノキ、タブノキ、ブナ、カシ類、シイ類、アオキ、モチノキ、サカキなどが挙げられる。

④まとめ　班で考えてまとめたことを全体発表させる。その後、再度まとめ直す時間をとる。その際、陰生植物は光補償点が低いので、耐陰性があ

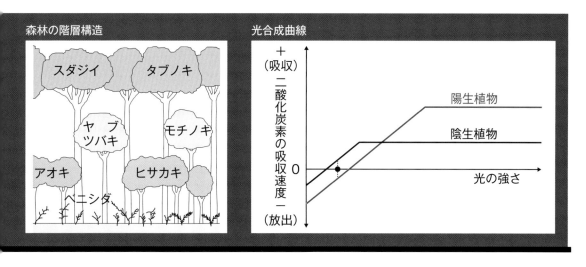

森林の階層構造

光合成曲線

③展開2【課題の探究2】　　　　　　（15分）

班で考えたことをまとめる。

班で考えたことを学習シートまとめましょう。

林冠のタブノキやスダジイって陰樹って書いてあるよ。陰樹が多いのはなぜかな？

陽生植物は光補償点が高いから、日陰では生育できないんだね。

④まとめ【課題の解決】　　　　　　　（15分）

全体で発表し合い、再度まとめ直す。

まとめを発表して下さい。

陰生植物は光補償点が低いから、林内のような日陰でも育つ。耐陰性が高いんだね。
光が強いところでは、陽樹の方が成長も速いけど、この森林の場合、陽樹はどうなったのかしら？

り光量の少ない場所でも生育可能であることを説明させたい。

本時の評価（指導に生かす評価）

　今後の指導に生かすために、光合成曲線を用いて林床でも植物が生育できる理由を、光補償点に着目しながら説明しているか、生徒の学習シートの記述を確認する。また、学習シートを学習履歴としてファイル等に綴じさせ、単元の振り返りで活用することも考えられる。

授業の工夫

　若い森林であれば陽樹で構成されており、極相林の場合、多くは陰樹で構成される。森林を構成する樹種に疑問をもつ意見が見られた場合は、植物の光をめぐる競争の結果であり、極相林が安定的な状態であることを理解させ、次時の遷移につなげたい。

1章　植生と遷移 ⑥時　遷　移

●本時の目標：　桜島の溶岩（マグマ）が流れた後の現在の植生について、一次遷移のどの段階か説明する。

●本時で育成を目指す資質・能力：　思考力、判断力、表現力等

●本時の授業構想

　桜島には文明、安永、大正、昭和溶岩流の跡が残り、一次遷移の経過を見ることができる。本時では各自が選んだ任意の溶岩が流れた後の場所についてICT機器を用いて調べさせ、現状の植生は遷移のどの段階であるか、またこれからどのように変化すると考えられるか等を説明させる。

●本時の評価規準（B規準）

　植生の特徴を捉えて、一次遷移のどの段階にあるか説明できる。

・本時の課題

私が選んだ桜島のある場所は一次遷移のどの段階だろうか。

---

①導入【課題の把握】　　　　　　（5分）

桜島の歴史や過去の噴火（四つの溶岩流)について知る。

桜　島

大隈半島

溶岩が流れた後の植生はどのように変化するかな？

②展開1【課題の探究1】　　　　（15分）

桜島の各地の植生がどの段階にあるのか、1人1台端末を用いて調べる。

班内で分担して桜島の各地域が、遷移のどの段階にあるのか調べよう。

僕は文明溶岩の地域を調べるね。

そろそろ森林になっているかしら？

中学校からのつながり

　中学校では、現状での視点で自然の変化がどのように生態系に影響を及ぼしているか等を学んでいる。長期的な視点で環境との相互作用で植生が変化することは学んでいない。

ポイント

①導入　前時では、光の条件に応じて生息する植物が異なることを学んでいる。桜島を例に環境形成作用によって植生がどのように変遷していくのか考えさせる。

②展開1　4人程度の班活動を行う。班内で分担し、桜島の植生について調べさせる。

③展開2　1人1台端末を活用しながら、1人3分以内で発表させる。また相互評価の際には、評価基準の確認を行い、評価される側にとって改善に役立つようなコメントを記述することを伝える。

④まとめ　他の班の発表を聞いて気付いたことを

一次遷移の例

裸地　荒原	草原	低木林	陽樹の多い森林	移行期	陰樹の多い森林
・土壌ほぼなし ・所々に草本 ・直射日光 ・乾燥	・草本が広がり草原へ ・土壌形成始まる ・陽性（先駆）植物	・草原の中に樹木	・陽樹が成長して森林に ・林床は暗い	・陽樹のもとで陰樹が育ち始め、林床さらに暗い	・陽樹が枯れて、陰樹の多い森林（極相林）になる

③展開2【課題の探究2】　　　　（25分）

班内で発表し、相互評価をする。

相互評価の際には相手に役立つコメントを心がけよう。

僕の調べた場所は所々に草が生えていたから、荒原だね。

森林まで、あと数百年もかかりそうだね。

④まとめ【課題の解決】　　　　（5分）

他の班の発表から気付いたことをまとめる。

遷移についてどんなことが言えるかな？

土壌の形成からやり直すと、元に戻るのに時間がかかるんだね。

環境と植物はお互いに影響を与え合うね。

まとめさせる。その際、長期的な視点をもって、対象地がどのように変化していくかという点についても説明させたい。溶岩流などの大規模な攪乱では土壌の形成から始まり、生態系の復活に時間がかかることにも気付かせたい。

本時の評価（指導に生かす場合）

　教師の指導に生かすために、ある場所の植生の特徴を捉えて、一次遷移のどの段階にあるか説明できているかを生徒の学習シートの記述で確認する。また、学習シートを学習履歴としてファイル等に綴じさせ、単元の振り返りで活用することも考えられる。

授業の工夫

　桜島だけでなく三宅島や伊豆大島等、地域に応じて教材を変えることができる。大規模な攪乱に対して、中規模な攪乱による二次遷移については、生物多様性につながることにも触れておきたい。

1章　植生と遷移　⑦時　単元の振り返り

知・技

思・判・表

主体的

●本時の目標：　振り返りシートを用いて、生徒自身が本単元の学習について振り返り、自己評価する。

●本時で育成を目指す資質・能力：　学びに向かう力、人間性等

●本時の授業構想

　生徒が振り返りシートを用いて、自分の学習について振り返らせ、具体的な場面を挙げて改善点や頑張った点を見いだす作業により、客観的に自己評価をさせる。

●本時の評価規準（B規準）

　単元の振り返りシートに具体的な場面を挙げて、改善点や頑張った点を挙げたり、学習の過程で生じた疑問について調べたりしたことを記述することができている。

---

①導入【課題の把握】　　　　　　（5分）

単元の振り返りをすることを確認する。

> 学習シートの集積を用いて、単元全体の振り返りをしよう。
> 相互評価活動での他者からのコメントも参考にしよう。

②展開1【課題の探究1】　　　　（10分）

新しく得た知識だけでなく、頑張った場面や改善点などを見いだす。

> 新しく得た知識だけでなく、どのようなことができるようになったか。または改善点などを挙げられるかな？

> 相互評価での他者コメントが役立つね。

ポイント

①導入　振り返りの際に相互評価活動での他者コメントも参考にさせる。

②展開1　各授業の学習シートの集積などから知識の振り返りだけでなく、具体的な場面を挙げながら、改善点や頑張った点を挙げさせる。

③展開2　この学習で生じた疑問をどのように解決したかや、副教材や1人1台端末を用いて調べさせ、自分なりの結論を見いださせる。

④まとめ　他者との共有によって、別の視点にも気付かせる。

授業の工夫

　活動主体の単元計画に基づいて授業を展開する

と、生徒は振り返りの際にさまざまなことを思い出し、記述量も増える。その際に、他者からのコメントがあれば、それを参考にさせると、客観的な自己評価の一助となる。

本時の評価（生徒全員の記録を残す場合）

　単元の振り返りシートで評価する。その際に、本単元の各授業の学習シートの集積や授業への取組の様子などを参考資料とすることも考えられる。

【評価規準の例】

A評価　（自己調整 and 粘り強さ）

　単元の振り返りシートに具体的な場面を挙げて、改善点や頑張った点を挙げることができている。さらに、学習の過程で生じた疑問について調べ、

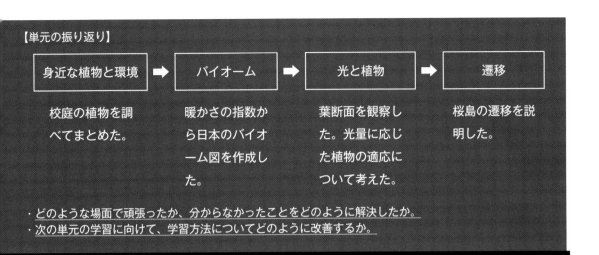

【単元の振り返り】

身近な植物と環境 ➡ バイオーム ➡ 光と植物 ➡ 遷移

校庭の植物を調べてまとめた。

暖かさの指数から日本のバイオーム図を作成した。

葉断面を観察した。光量に応じた植物の適応について考えた。

桜島の遷移を説明した。

・どのような場面で頑張ったか、分からなかったことをどのように解決したか。
・次の単元の学習に向けて、学習方法についてどのように改善するか。

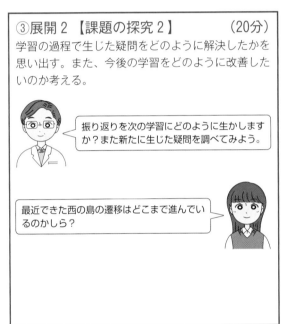

③展開2 【課題の探究2】 （20分）

学習の過程で生じた疑問をどのように解決したかを思い出す。また、今後の学習をどのように改善したいのか考える。

振り返りを次の学習にどのように生かしますか？また新たに生じた疑問を調べてみよう。

最近できた西の島の遷移はどこまで進んでいるのかしら？

④まとめ 【課題の解決】 （15分）

生徒同士で各自の結果を共有する。

新しく分かったことを共有しよう。

温暖化でバイオームがどのくらい変化しているのか調べたよ。

僕は屋久島の垂直分布について調べたよ。

自分なりの結論を導き出している場合などが相当する。

B評価 （自己調整 or 粘り強さ）

　単元の振り返りシートに具体的な場面を挙げて、改善点や頑張った点を挙げることができているが、学習の過程で生じた疑問については記述されていない場合か、あるいは、逆に粘り強さについては記述されているが、自己調整については記述がない場合などが相当する。

C評価 （どちらも示されていない）

　単元の振り返りシートに具体的な場面を挙げて、改善点や頑張った点を挙げることができていない場合、記述内容が感想のみである場合、この単元

で得られた知識のみを羅列している場合などが相当する。

　具体的な評価事例を次ページに示す。

振り返りシートの記入例とその評価

　以下は、振り返りの際に「何を学んだか」という問いに対する生徒の記述内容である。問いに対応して、新たに得られた知識を記述している。これを、今回の単元「植生と遷移」の評価規準に照らし合わせると「C評価」となってしまう。しかし、記述内容から、この生徒は「どのような場面で頑張ったか、どのように学んだか」という問いには、答えることができると推察される。振り返りシートで評価をする際には、評価規準に即したシートの作成がポイントとなる。

> 1学期の学習で私が特に関心をもって学習したのは、照葉樹林と夏緑樹林の違いについてです。これまではなぜケヤキは落葉するのか知りませんでしたが、気候による光合成のしやすさの違いや、呼吸量の違いが影響していることを学ぶことができました。また、授業の中での観察を通して、顕微鏡やミクロメーターの使い方も学ぶことができました。さらに、細胞のしくみの学習では、中学校で習った細胞小器官以外にも様々な細胞小器官を学び、覚えることができました。また、その各器官のはたらきもいろんなはたらきがあって、この1つ1つの器官のはたらきが機能して細胞の活動が成り立っているのだとわかりました。

　以下は、同じ生徒の「どのような場面で頑張ったか」という問いに対する記述内容である。実験の場面のミクロメーターの扱いで苦戦したが、自分なりの結論まで導くことができている。よって、今回の単元「植生と遷移」の評価規準に照らし合わせると「B評価」となる。

> 細胞の大きさの測定のレポート作りでは、最初予定だった細胞質流動の速さの測定の実験がなかなかうまくいかなくて、時間が少し短くなったけど、その後試行錯誤して集中して期限までにレポートを完成することを特に頑張りました。また、夏緑樹はなぜ落葉するかを考察するときも、夏緑樹の特徴から自分で意見を考え、さらに友達と自分たちの意見を共有して考察を考えることができたので良かったです。
>
> 期末考査に向けてのがんばりを振り返って

以下は、先ほどの生徒の記述をもとにして、今回の単元「植生と遷移」の評価規準での「A評価」として考えられる記述例である。

> 　細胞の大きさの測定のレポート作りでは、最初する予定だった細胞質流動の速さの測定の実験操作がなかなかうまく行かなくて、時間が足りなくなったけど、その後、試行錯誤しながら集中して期限までに完成させることができた。また、夏緑樹がなぜ落葉するのかを考察するときも夏緑樹の特徴から自分で意見を考え、さらに友達と意見を共有して結論に辿り着いた。その中で、常緑樹は一生落葉しないのか不思議に思い調べてみたところ、常緑樹の葉にも長い寿命をもつものがあることや、葉が絶えず更新されるので常に緑に見えているものなど、環境に適応して多様であることが分かった。

　これらのことから、振り返りシートを作成するためには、「どのような場面で頑張ったか（粘り強さ・自己調整）」や「分からなかったことや新たに疑問に思ったことをどのように解決したか（粘り強さ）」や「次の単元の学習に向けて、学習方法についてどのように改善するか（自己調整）」などの視点を明記しておくことがポイントとなる。

　また、何をもって自己調整や粘り強さの評価とするかは、生徒の様子に合わせたものを設定するとよい。今回の単元では、自己調整につなげるために相互評価活動を取り入れ、他者からのコメントによって客観的に自己評価できるよう設定した。また、生徒が粘り強く考えたり、取り組んだりできる場面や、振り返りの時間にそれまでの活動から生じた個人の疑問を調べる場面を設定した。

第3編　生物の多様性と生態系
2章　生態系とその保全（14時間）

1 単元で生徒が学ぶこと

　生物の多様性と生態系についての観察、実験などを通して、生態系とその保全について理解させるとともに、それらの観察、実験などに関する技能を身に付けさせ、思考力、判断力、表現力等を育成することが主なねらいである。また、これらの学習を通して、生態系の保全の重要性について認識を深めさせ、自然環境の保全に寄与する態度を育てることが大切である。

2 この単元で（生徒が）身に付ける資質・能力

知識及び技能	生態系とその保全について、生態系と生物の多様性、生態系のバランスとその保全を理解するとともに、それらの観察、実験などに関する技能を身に付けること。また、生態系の保全の重要性について認識すること。
思考力、判断力、表現力等	生態系とその保全について、観察、実験などを通して探究し、生態系における、生物の多様性及び生物と環境との関係性を見いだして表現すること。
学びに向かう力、人間性等	生態系とその保全に主体的に関わり、科学的に探究しようとする態度と、生命を尊重し、自然環境の保全に寄与する態度を養うこと。

3 単元を構想する視点

　この単元は、「生態系と生物の多様性」についての学習と「生態系の保全とバランス」についての学習の2部構成となっている。前半では、生態系には多様な生物種が存在することを見いだして理解させるとともに、生物の種多様性と生物間の関係性とを関連付けて理解させること、後半では、生態系のバランスと人為的攪乱を関連付けて理解させるとともに、生態系の保全の重要性を認識させることがねらいとなる。

　いずれの場合も、生態系の保全とそのバランスは人間活動と関連があると気付かせ、土壌生物の観察や資料での学習、科学的な探究活動を通して、生徒の実感を伴った理解につなげることが重要である。

　本単元の指導計画では、観察や実験、資料学習、政策提案を通して、生徒が自ら生態系と生物の多様性及び、生態系の保全の重要性を見いだしていくことを重視して構成している。生態と環境に関するより深い理解につなげていくことについては、本単元の学びを生かしつつ、「生物基礎」以降の「生物」における単元の指導計画に盛り込むことを検討するなどの工夫も考えらえる。

4 本単元における生徒の概念の構成のイメージ図

単元のねらい

生態系と生物の多様性を見いだし、生態系の保全の重要性を認識させる。

生態系と 生物の多様性	・環境が異なれば、種類数や個体数も異なるんだね。 ・種多様性と環境は関係があるんだね。 ・食物連鎖を通じた間接的な影響があるんだね。 ・種多様性と生物間の関係性は関連があるんだね。
生態系の保全と バランス	・生態系のバランスは変動の幅が一定範囲内に保たれるんだね。 ・攪乱が大規模だと生態系のバランスが崩れることもあるんだね。 ・生態系の保全は重要なんだね。

5 本単元を学ぶ際に、生徒が抱きやすい困り感

生態系の保全と私たちの生活って関係あるの？

間接効果？生態系サービス？環境アセスメント？…何のこと？

土壌生物の観察って、どうして複数の環境でするのかしら？

生態系とその保全って、結局たくさんの用語を覚えればそれでいいのかな？

6 本単元を指導するにあたり、教師が抱えやすい困難や課題

間接効果など、新しい用語を教えるだけで精一杯になってしまいます。

環境保全の重要性が、いつまでたっても生徒の実感として身に付けさせることができません。

光合成
$6CO_2 + 12H_2O \rightarrow C_6H_{12}O_6 + 6O_2 + 6H_2O$

探究活動をしなくても、問題が解けるように内容を教え込めば十分じゃないかしら。

土壌動物観察、間接効果の資料提示、環境保全に関わる問題を解決する話し合いといわれても、時間をとることができません。

7 単元の指導と評価の計画　　　　　生態系とその保全（全 14 時間）

単元の指導イメージ

土壌動物は、採取した地点によって種数や個体数が異なるのはどうしてだろう？

異なる環境を利用するから、多様な生物が存在できて、種多様性が高まりますね。

生態系のバランスは人為的攪乱の規模が大きいと崩れることもあるよ。

生態系の保全に関わる問題を考えて解決するための活動ってどうすればいいのかな？

時間	単元の構成
1	**土壌生態系を構成する生物** **単元の導入** 　　探究活動① -1　土壌動物の採集調査①
2	**生態系における生物の役割** 　　探究活動① -2　土壌動物の採集調査②
3	**種多様性と食物連鎖**
4	**生態系のつながりと生態ピラミッド**
5	**キーストーン種と絶滅**
6	**生態系のバランス**
7	**人為的攪乱と生態系のバランス**
8	**生物多様性と生態系の保全**
9	**人間活動と生態系**
10	**ゲンジボタルの移植 1** 　　探究活動② -1
11	**ゲンジボタルの移植 2** 　　探究活動② -2
12 ・ 13	**ゲンジボタルの移植 3** 　　探究活動② -3
14	**ゲンジボタルの移植 4** 　　探究活動② -4 **単元の振り返り**

本時の目標・学習活動	重点	記録	備考（★教師の留意点、〇生徒のB規準）
環境の違いによって、土壌に存在する生物の種類や個体数が異なることを調査する。	知		★土壌動物の採集と同定の技能を身に付けさせる。
環境の違いが生物多様性に関係することや、生態系における生物の役割について見いだして表現する。	思	〇	〇環境の違いと生物多様性との関係性、及び生態系を構成している生物の役割を考察し説明している。（記述分析）
多様な種がそれぞれ異なる環境を利用することが、種の多様性を高めることを理解する。	知		★食物連鎖と生態系に多様な生物が存在できる理由を理解させる。
陸上以外の生態系を学ぶ。栄養段階を積み重ねると生態ピラミッドになると理解する。	知		★生態系同士のつながりにも気付くように留意する。
生物の関係性をキーストーン種を例として、捕食と被食の関係及び食物連鎖を通じた間接的な影響（間接効果）と絶滅について考察する。	思	〇	〇キーストーン種、間接効果を例に、生物の種多様性と生物間の関係とを見いだして表現している。（記述分析）
生態系の変動の幅は一定の範囲内に保たれるが、攪乱の規模によることを理解する。	知		★生態系のバランスについて、攪乱の規模に注目してペアで説明させる。
人為的攪乱によって生態系のバランスが崩れ、生物多様性が低下することを理解する。	知	〇	〇人為的攪乱によって生物多様性が低下することを理解している。（記述分析）
人間活動が生態系へ与える影響と生態系の保全策について考察し、説明する。	思	〇	〇人間活動が生態系へ与える影響と生態系の保全策について考え、科学的に説明している。（記述分析）
生態系サービスと環境アセスメントについて理解し、課題に対する自己の意見を記述する。	知		★環境保全には生態系サービスという経済的な視点もあると理解させる。
ゲンジボタルの移植について、今までの授業や調査した文献から個人で方法を提案する。その後、班で全員の提案を共有する。	態		★授業で学んだことをもとに、自分の考えを記述させ、チェック項目をもとに自分と班員の提案が三つの項目を満たしているか確認して振り返らせる。
班の意見をまとめ、スライドを作成する。	思		★前時のチェックをもとに、班でより妥当な提案を考えさせる。
ゲンジボタルの移植に対する提案を班ごとに発表する。	思		★ゲンジボタルの移植に対する提案について、科学的な根拠をもとに妥当性を表現させる。
発表に対する他者チェックの結果から、改善案を班で話し合い、再度、個人で提案を記述する。初回の授業で記述した単元の振り返りシートに、授業後の考えを記述して、単元の学習を振り返る。	態	〇	〇ゲンジボタルの移植に対する提案の改善案を記述している。また、単元全体を振り返り、自己の成長と今後の学習への課題を記述している。（記述分析）

2章　生態系とその保全　①時　土壌動物の採集調査
（探究活動①-1）

知・技

思・判・表

主体的

●本時の目標：　単元の課題を把握し、学習前の考えを確認するとともに、身近な土壌生物の採集と同定の技能を身に付ける。

●本時で育成を目指す資質・能力：　知識及び技能

●本時の授業構想
　①　単元の課題を把握させるために、中学校で学習した内容を想起させ、学習前の考えを記述させる。単元の最後に再度記述させることで、自己の成長を認識できるようにする。
　②　身近な土壌生物の採集と同定の技能を身に付けさせ、観察結果から環境が異なれば生物も変化することに気付かせる。

●本時の評価規準（Ｂ規準）
　土壌動物の採集と同定の技能を身に付けている。

・本時の課題
①　生態系とその保全に対する今の考えはどのようなものか。
②　環境が異なると、土壌に存在する　生物多様性（種類や個体数）はどうなるか、調べてみよう。

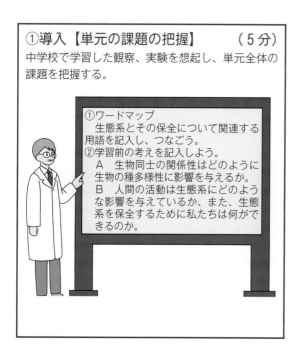

①導入【単元の課題の把握】　　（5分）
中学校で学習した観察、実験を想起し、単元全体の課題を把握する。

①ワードマップ
　生態系とその保全について関連する用語を記入し、つなごう。
②学習前の考えを記入しよう。
　Ａ　生物同士の関係性はどのように生物の種多様性に影響を与えるか。
　Ｂ　人間の活動は生態系にどのような影響を与えているか、また、生態系を保全するために私たちは何ができるのか。

②展開1【本時の課題の把握】　　（10分）
中学校で学習した生態系の内容とバイオームを想起し、課題を把握する。

土壌生態系の構成種を観察しよう。
環境が異なる身近な土壌生態系の構成生物を比較し、環境の違いと多様性の関連を調べよう。

気温や降水量が違えば、樹木が違いました。

ここは照葉樹林帯だから、同じじゃないの？

ポイント

①導入　学習前の考えを記述させる。まず、中学校で学習した生態系とその保全を想起させ、関係のある単語をつなぎ、ワードマップを黒字で作成させる。これをデジタルデータで残しておき、単元終了後に赤字で記入させる（板書①）。次に、板書②の問いについて記述させる。この単元でどのような学習をするのか、見通しをもたせた課題として設定する。なお、学習前の考えを記述させる際に、デジタルデータで残すと事前と事後で生徒も教師も比較し、成長を認識しやすくなる。
②展開1　中学校で学習した生態系の内容とバイオームを想起させ、本時の学習課題に対する授業

前の考えを記述させる。記入はワークシートや1人1台端末を利用して学習支援ソフトなどに入力させる。
　本時の課題は、生物の種多様性と生物間の関係性を関連付けて理解できるようにし、種の多様性と環境の関係について見いだし、解決の見通しをもたせるための課題として設定する。なお、近隣の森林で採取をする場合は、あらかじめ許可を得ること。また、土壌生物には危険な生物も存在するので、注意するように伝える。
③展開2　土壌の採取は、授業時間が限られているので各班で分担させる。もし、時間に余裕があるなら、各班にすべての調査地で土壌を採取させ

【目的】
環境が異なる身近な土壌生態系の構成生物を比較し、環境の違いと多様性（生物の種数と個体数）の関連を明らかにすること。

【結果】

調査地	森林	運動場の隅	植え込み
明るさ			
地面のようす			
菌類の菌糸の有無			
生物の種数			
採取した種とその個体数			
トビムシのなかま			
ダニのなかま			
その他具体的に記入しよう			

③展開2 【課題の探究1】　　　　（20分）

土壌を採集する。

各班の調査地の環境も記録しておいてくださいね。危険な生物もいますから、気を付けてください。

森の調査地での生徒の会話

森の土壌は軟らかいから採集しやすいです。落ち葉にカビがはえています。

わー、ミミズがいる。

運動場の隅の調査地での生徒の会話

運動場の隅の土は、硬いです。採集装置が入りにくいです。

④展開3 【課題の探究2】　　　　（15分）

採集した土壌から生物を採取する。

森の土壌には、大きめの生物がいます。

運動場の隅の土壌には、まったく、生物はいませんよ。

放課後、ツルグレン装置で取れた生物を見に来ます。

次回は、すべての調査地と生物種のまとめですね。

る。

④展開3　持ち帰った土壌をバットに広げ、大きめの動物を採取させる。ツルグレン装置がない場合は、この段階で終えてもよい。ツルグレン装置がある場合は、白熱電球をつけさせ、半日程度静置し、放課後に採集ケースを回収する。課題の解決は次時にする。

本時の評価（指導に生かす場合）

　ワークシートの記述内容から、土壌動物の採集と同定の技能が身に付いているか確認し、指導に生かす評価とする。

授業の工夫

　生徒の思考の変遷がわかるように、ワークシート等の記述を学習前の考え、学習後の個人の考え、学習後の班で話し合った考えを比較して、学習の足跡を生徒が実感できるようにしている。

2章　生態系とその保全　②時　生態系における生物の役割
（探究活動①-2）

知・技
思・判・表
主体的

●本時の目標：　観察の結果から、環境の違いと生物多様性及び生態系における
　　　　　　　　　生物の特徴について、考察し説明する。
●本時で育成を目指す資質・能力：　思考力・判断力・表現力等
●本時の授業構想
　　観察の結果と考察をクラス全体で共有し、環境の違いが生物多様性に関係す
ることに気付かせる。その上で、生徒が生態系における生産者と消費者との関
係及び分解者の働きについて、グループで話し合い、見いだすことができるよ
うにする。
●本時の評価規準（Ｂ規準）
　　環境の違いと生物多様性が関係していること、及び生態系を構成している生
物の役割を考えて説明している。

・本時の課題

①環境の違いと
　生物多様性に
　ついて説明し
　よう。
②生態系を構成
　する生物は、
　生態系におい
　て、どのよう
　な役割をもち、
　どのように分
　けられるか説
　明しよう。

---

①導入【課題の把握】　　　　　　　（15分）
前回の観察で採取した生物を分類する。

> 前回の授業では、調査地の生物を固定したよ。
> どんな生物がいるのかな？

＜森の調査地の班＞

> ミミズだー。クモもいる。
> 実体顕微鏡で見ると、ダニもいるね。

＜運動場の隅の調査地の班＞

> 大きい生物はまったくいないよ。
> トビムシかな？図鑑で調べよう。

②展開1【課題の探究1】　　　　　（10分）
観察の結果を共有し、食物網を描く。環境の違いと
生物多様性の違いに気付き、個人の意見を記述する。
その後、班でさらに話し合う。

> 森の土壌には動物を
> 食べる動物や、植物
> を食べる動物がいて、
> 種類が多かったね。

> 運動場の隅の土壌は
> ほとんど生物はいな
> いよ。

> 他の班のAさんは、
> 森の土壌は、落ち葉
> に菌類が付いていた
> と書いているよ。

中学校とのつながり
　中学校では食物連鎖や分解者について学んでい
る。

ポイント
①導入　前回採集した生物を図鑑やインターネッ
トで調べて、分類させる。
②展開1　結果を学習支援ソフトなどで共有し、
調査地の環境と生物種の違いを確認させる。その
際、学習後の個人の考えを記述させるために、デ
ジタルデータで残すと事前と事後を生徒も教師も
比較し、成長を認識しやすくなる。情報共有の際
には、1人1台端末を活用することで、グループ
内、全体での共有がしやすくなる。

③展開2　学級全体で共有し、記述内容とキー
ワードを話し合い発表させる。発表を聞きながら、
キーワードを板書していくことで、本時の課題に
必要な用語に着目させ、「生態系における生物の
役割」を見いだすことにつながる。また、生物同
士のつながりが複雑であると、多様性が高いこと
にも気付かせる。
　日本のバイオームは森林なので、運動場の隅の
土壌は、ヒトが環境を変化させることで保たれて
ることに気付かせ、ヒトの活動と環境の変化の関
係にも気付かせる。
④まとめ　生徒の思考の変遷が分かるように記述
を保存し、1時間の授業または単元を終えたとき

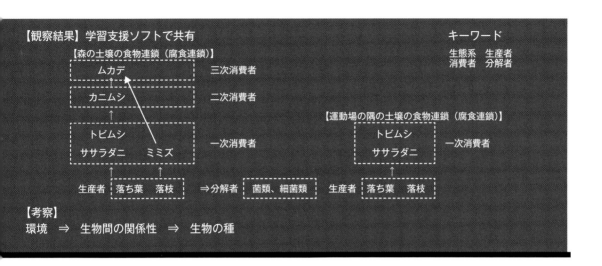

【観察結果】学習支援ソフトで共有　　　　　　　　　　　　　　　　　　　　　キーワード

【森の土壌の食物連鎖（腐食連鎖）】　　　　　　　　　　　　　　　　　　　生態系　生産者
　　　　　　　　　　　　　　　　　　　　　　　　　　　　　　　　　　　消費者　分解者

ムカデ　　　　　三次消費者

カニムシ　　　　二次消費者　　　　　　　　　【運動場の隅の土壌の食物連鎖（腐食連鎖）】

トビムシ　　　　一次消費者　　　　　　　　トビムシ　　　　　一次消費者
ササラダニ　ミミズ　　　　　　　　　　　ササラダニ

生産者　落ち葉　落枝　⇒分解者　菌類、細菌類　生産者　落ち葉　落枝

【考察】
環境　⇒　生物間の関係性　⇒　生物の種

③展開2【課題の探究2】　　　　　　（10分）

話し合いから、環境の違いが生物多様性の違いとなること及び生態系における生物の役割を見いだして発表し、キーワードを記述する。話し合いの後の考えを記述する。

森の土壌は、生物種が多いね。菌糸もある。運動場の隅の土壌は生物がほとんどいない。同じ照葉樹林帯なのにどうしてだろう？

森は植物種が多いからかな。運動場の隅の土壌は、植物種も少ないよ。

植物種が多いと、それを食べる動物の種類も増えるね。だから、多様性も高くなるんだ！

運動場はヒトの影響が大きいので、ヒトは生物多様性に影響しますね。

④まとめ【課題の解決】　　　　　　（15分）

最初の記述と事後の記述を見比べ、自分の変容を認識し、これからの学習の動機付けを行う。

生産者、消費者、分解者がすべて存在する森は、生物多様性が高いです。

生態系の生物の役割だね。生産者、消費者、分解者。

なるほど、生物同士のつながりが複雑だと多様性が高くなるのですね。

自分だけでは気が付かない視点が班のメンバーの意見にありました。話し合うと考えが深まります。

に比較させることで、自己の成長を生徒が実感できるようにすることも考えられる。

本時の評価（生徒全員の記録を残す場合）

　課題に対する2回目の記述内容を、本時の思考・判断・表現の評価とする。環境が異なる身近な土壌生態系の構成生物を比較し、環境の違いと多様性（生物の種数と個体数）の関連が記述できているか、また、被食—捕食の関係についても記述できているかを見取る。その際、課題に対する記述を学習支援ソフト等で共有し、話し合わせることによって、他者の視点に気付かせ、再度、自己の考えを整理させることになる。そのことで、本時の課題に対する考えを見いだすことが可能と

なる。考えを見いだしにくい場合は、教科書や板書を見ることによって生態系の概要に気付かせるように誘導することも考えられる。

授業の工夫

　学習の際には他者との協働が成長の糧だと伝えることが大切である。生徒の思考の変遷が分かるように、記述を保存し、1時間の授業及び単元の学習を終えたときに、最初の記述と比較させて、自己の成長を生徒が認識し、自己肯定感を高められるようにしている。

2章　生態系とその保全　③時　種多様性と食物連鎖

知・技

思・判・表

主体的

●本時の目標：　観察の結果を例に、食物連鎖と生態系に多様な種類の生物が存在できる理由について理解する。

●本時で育成を目指す資質・能力：　知識及び技能

●本時の授業構想

　　観察結果を例に、食物連鎖が複雑な網目状の食物網となることを理解させ、生態系の中では多様な種がそれぞれ異なる環境を利用することによって、種の多様性が高まることを理解させる。

●本時の評価規準（B規準）

　　食物連鎖の関係は複雑な食物網となり、生態系の中で異なる環境を利用することで多様な種が存在し、種多様性を高めていることを理解している。

---

①導入【課題の把握】　　　　　　（10分）

中学校で学んだ食物連鎖と前回の観察の結果から、食物連鎖は複雑な網目状となることを理解する。

前回の授業では、土壌の生態系は運動場より森の方が豊かだったね。

＜森の調査地の班＞

森の土壌は、食物連鎖が複雑だったよ。一本鎖ではなく、枝分かれしたよ。

＜運動場の隅の調査地の班＞

運動場の土壌は、一次消費者しかいなかったよ。

---

②展開1【課題の探究1】　　　　　（10分）

食物網を理解し、生食連鎖と腐食連鎖があることを理解する。

複雑な食物連鎖を食物網といいます。土壌食物連鎖の場合、生産者に相当するのはどの生物でしょうか？

土壌の場合、光合成をする植物がいません。

落葉や遺骸から食物連鎖が始まりますよ。

そうですね。生きた植物から始まりませんね。腐食連鎖といいます。

中学校とのつながり

　中学校では、自然界では生物がつり合いを保って生活していること、食物連鎖でつながっていることについて学んでいる。

ポイント

①導入　前回の観察結果をまとめた食物連鎖の図から、運動場より森の土壌の食物連鎖が複雑であったことを振り返らせる。

②展開1　網目状に複雑につながった食物連鎖を食物網ということ、土壌の生態系は生きた生物ではなく落葉や生物遺骸から始まる「腐食連鎖」であることを理解させる。

③展開2　前回の授業から、食物網は生物同士の

つながりが複雑であるために多様性が高いことを振り返り、他に理由はないか考えさせる。また、森林の階層構造などを例に、森林の林床は弱い光、林冠は強い光と環境が異なり、それぞれに生育する種が異なることを思い出させる。このことから、生態系の中に異なる環境があり、それぞれに適応した種が存在するため、種多様性が高いことに気付かせる。

④まとめ　食物連鎖及び生態系に多様な生物が存在できる理由について、ノートにまとめさせ、ペアで説明させる。話し合った後に、キーワードを発表させ、キーワードが各自の説明文に含まれているか確認させる。ペアで確認し、キーワードを

食物連鎖：生態系の中の被食―捕食関係が連鎖状
　　生食連鎖：生きた植物や植物プランクトンから始まる
　　腐食連鎖：落葉・落枝・遺骸などから始まる

観察結果　森の土壌の食物連鎖　複雑
⇒　食物網：網目状に広がる複雑な食物連鎖関係

生物多様性
　　1　遺伝的多様性
　　2　種多様性
　　3　生態系多様性

生態系の中　異なる環境を利用　⇒　多様な種が存在
例）森林：陽樹が強い光を利用
　　　　　林床の植物は弱い光を利用
　　　　　⇒　森林の生態系は種数が多い
　　　　　⇒　種多様性が高い

キーワード

生物多様性
種多様性
食物連鎖
食物網

---

③展開2【課題の探究2】　　　　　（10分）

生態系の中で、異なる環境を利用することで、多様な種が存在できること、種多様性と生物多様性を理解する。

森の土壌は、食物網が複雑です。だから、多様性が高いと前回の授業で学びました。理由はそれだけでしょうか？

森は林床と林冠では、光の環境が違いますね。だから植物の種も異なりますね。

生態系の中でも、異なる環境があるから、多くの種が存在するのですね。

④まとめ【課題の解決】　　　　　（20分）

食物連鎖と生態系に多様な生物が存在できる理由について各自まとめ、ペアで説明し合う。

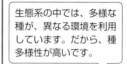
生態系の中では、多様な種が、異なる環境を利用しています。だから、種多様性が高いです。

それに、「食物網が複雑になる」も加えてはどうですか？

考えを述べ合うことで、足りない部分がわかるので、知識が深まります。

意識することで、的確にまとめをすることができ、改善する点があれば明らかになる。また、本時は、自分の意見を説明し、相手の意見を聞く機会とし、科学的に話し合う練習をさせる。

本時の評価（指導に生かす場合）

　指導に生かすために、課題に対してまとめた内容から、観察の結果をもとにして、生態系の中で異なる環境を利用することで多様な種が存在し、種多様性を高めていることを理解しているかを確認する。

授業の工夫

　まとめの場面では、自己の意見を確立させてから、他者に説明させるようにしている。そのため

に自己の意見をまとめる時間とお互いに説明し合う時間を分けている。

3編　2章
生態系とその保全

2章　生態系とその保全　④時　生態系のつながりと生態ピラミッド

知·技
思·判·表
主体的

●本時の目標：　生態系のつながりと生態ピラミッドを理解する。
●本時で育成を目指す資質・能力：　知識及び技能
●本時の授業構想
　　陸上の生態系以外にも生態系は存在し、それらがつながっていること、また、栄養段階を積み重ねると生態ピラミッドになることを理解させる。
●本時の評価規準（B規準）
　　陸上以外の生態系を水界の生態系を例として理解している。また、栄養段階を積み重ねると生態ピラミッドになると理解している。

・本時の課題

・水界の生態系を例に陸上以外の生態系を理解しよう。
・生態ピラミッドを理解しよう。

---

①導入【課題の把握】　　　　　　　　（5分）

前回の復習から、陸上以外にも生態系があることに気付く。

前回の授業では、生態系の中では多様な種がそれぞれ異なる環境を利用することによって、種の多様性が高まるのでしたね。

そうでしたね。では、多くの種類の生態系があると、多様性がさらに高まるということですね。

今までは、陸上の生態系でしたね。これ以外の生態系はどんな様子でしょうか？

海、湖、川の生態系もありますね。

②展開1【課題の探究1】　　　　　　（10分）

水界の生態系の栄養段階を理解し、深さによる光合成量の変化を理解する。

植物プランクトンが生産者ですね。

海や湖は深くなると光が届きませんよ。

よく気が付きましたね。水界の生態系では、深さによって光合成量が変化します。

都市も生態系といえますね。生ゴミや街路樹などを利用しやすい種が多いです。人の活動と関係が深いですね。

中学校とのつながり

　中学校では、植物、動物及び微生物を栄養面から関連付けて学んでいる。

ポイント

①導入　前回の授業から、生態系の中で、異なる環境を利用することで種の多様性が高まることを振り返らせる。その上で、生態系にも多くの種類があれば、より多様性が高まる（生態系多様性）ことに気付かせる。
②展開1　多様な生態系の例として、水界の生態系を理解させる。このとき、水深が深くなるほど光は減衰するため、光合成量は水深によって変化することに気付かせる。また、光合成量と呼吸量

が等しくなる水深を境目に、それより浅いと生産層、深いと分解層となることを理解させる。
③展開2　森の生態系のクマが水界の生態系のサケを捕獲し、森の中で食べ、残りを森に放置することなどを例にして、陸上の生態系と水界の生態系とがつながっていることを理解させる。陸上の生態系の栄養塩や有機物が、水界の生態系に流入することを例にしてもよい。さらに、栄養段階を下位から順に積み重ねると生態ピラミッドとなること、水界の生態系では植物プランクトンが動物プランクトンに捕食され、一時的に逆ピラミッドになることもあると理解させる。
④まとめ　水界の生態系と生態ピラミッドについ

③展開2【課題の探究2】　　　　（15分）

生態系同士のつながりと生態系ピラミッドを理解する。

> クマがサケを捕って、食べ残しを森に放置したりしますね。

> 水界の生態系のサケが陸上の生態系に移動するのですね。生態系はつながっています。

> 生態系の生産者、一次消費者、、、を並べると生態系ピラミッドになりますね。

④まとめ【課題の解決】　　　　（20分）

水界の生態系と生態系ピラミッドについて、ノートにまとめ、ペアで説明し合う。

> 水界の生態系では、生産者は植物プランクトンです。消費者は動物プランクトンや魚類です。水深が深いほど光が届きにくいので、生産層と分解層に分けられます。
> 生態系ピラミッドは栄養段階を積み重ねたものです。

> それに、「個体数ピラミッドや生物量ピラミッド」も加えてはどうですか？

> 考えを述べ合うことで、足りない部分が分かるので、知識が深まります。

てノートにまとめさせ、ペアで説明させる。話し合った後に、キーワードを発表させ、キーワードが各自の説明文に含まれているか確認させる。ペアで確認し、キーワードを意識することで、生徒同士で的確にまとめをすることができ、改善する点があれば明らかになる。また、本時は、自分の意見を説明し、相手の意見を聞く機会とし、科学的に話し合う練習をさせる。

本時の評価（指導に生かす場合）

本時は指導に生かすために、課題に対してまとめた内容から、陸上以外の生態系と生態系ピラミッドについて理解しているかを確認する。

授業の工夫

まとめの場面では、他者の意見やキーワードを聞いて、自分の意見を振り返らせ、改善するようにしている。

2章　生態系とその保全 ⑤時　キーストーン種と絶滅

知・技

思・判・表

主体的

●本時の目標：　キーストーン種や絶滅を例に挙げて、生物の種多様性と生物間の関係とを関連付けて説明する。

●本時で育成を目指す資質・能力：　思考力、判断力、表現力等

●本時の授業構想

　　生物の関係性をキーストーン種を例として、捕食と被食の関係及び食物連鎖を通じた間接的な影響（間接効果）について理解させる。また、一つの種の絶滅が生態系のバランスを変化させる可能性に気付かせる。

●本時の評価規準（B規準）

　　キーストーン種、間接効果を例に、生物の種多様性と生物間の関係とを見いだして表現している。

---

①導入【課題の把握】　　　　　（5分）

岩礁潮間帯のデータから課題を設定する。

食物連鎖を通してすべての生物と環境はつながっていると学びました。

生態系の上位の生物がいなくなるとどうなるのかな？

捕食者が存在しなくなると、食われていた生物は増えます。

あれ？種数が減少しているよ。

②展開1【課題の探究1】　　　　（15分）

中学校で学習した内容をもとに、岩礁潮間帯の生態系の変化について、個人で4コマ漫画を作成する。その後、作成した漫画を見せ合い、班で話し合う。

ヒトデがいなくなると、イガイとフジツボが増えますね。

ヒトデがイガイとフジツボを捕食しているね。

ヒトデがいないと、イガイとフジツボが岩場を独占してしまいますね。

中学校とのつながり

　中学校では食物連鎖を通じて、生態系のバランスが保たれていることについて学んでいる。なお、間接効果は、中学校では学んでいないため、既知の生態系の概念とつながるように工夫する。

ポイント

①導入　中学校で学習した生態系とその保全だけの知識では、高次捕食者を除去すると生物種が減少する理由を説明できないことに気付かせる。生物の種多様性と生物間の関係を関連付ける新たな概念の必要性を認識し、1種の絶滅が生態系に影響を与える可能性に気付く課題として設定させる。なお、情報共有の際には、1人1台端末を活用することで、グループ内で共有、全体での共有がしやすくなる。

②展開1　あらかじめ生徒に考えさせるための視点を与えておく。例えば、ヒトデを除去した場合に考える視点は、「①フジツボとイガイが増加した原因」、「②フジツボとイガイが増加することで、岩に付着して生活をするほかの生物はどのような影響を受けたか」の二つが挙げられる。

<皆さんの考え>
岩礁潮間帯の生態系
ヒトデを除去すると
① フジツボとイガイが増加した原因
　　被食－捕食の関係
② 岩に付着して生活をする他の生物への影響
　　紅藻、カメノテは岩場に定着できない⇒　減少
③ カサガイとヒザラガイが減少した原因
　　餌となる紅藻が減少
④ ヒトデのこの生態系への影響
　　フジツボ、イガイを捕食し増殖を抑制
　　⇒　岩礁潮間帯に多くの生物種が生存
　　◎　種多様性を高める

生態系のバランスと変動
　個体数の周期的変化
　　・被食　・捕食関係による

　高次消費者による生態系のバランスの維持
　　・キーストーン種による維持
　　　例　岩礁潮間帯のヒトデ

　　・間接効果
　　　ヒトデと紅藻
　　　ヒトデとフジツボ、イガイの関係
　　　⇒　間接的に紅藻の生存を可能に

　種の絶滅
　　種同士　複雑な相互関係
　　⇒　連鎖的に生態系へ影響

③展開2 【課題の探究2】　　　　　（15分）

間接効果を見いだす。

ヒトデは紅藻を捕食しないのに、ヒトデを除去すると、なぜ、減少するのかしら？

紅藻は岩場に固着しています。

岩場は、フジツボとイガイが増殖して、独占していますね。

紅藻は岩場に定着できなくなって、存在しなくなったのですね。

ヒトデはフジツボやイガイを捕食して、増殖を抑えているのですね。間接的に紅藻の生存を可能にしているのですね。

よく気が付きましたね。間接効果といいます。

④まとめ 【課題の解決】　　　　　（15分）

ヒトデがキーストーン種であることと、種の絶滅が生態系に影響を与える可能性に気付く。再度4コマ漫画を描く。

ヒトデはこの生態系にどのような影響を与えているのでしょうか？

ヒトデが存在することで、生態系のバランスが保たれています。

多くの種が存在できるので、種多様性も保たれますね。

ヒトデはこの生態系のキーストーン種と言います。もし、キーストーン種が絶滅するとどのような影響があるでしょうか？

種同士には複雑な相互関係がありますから、生態系に大きな影響が出ますね。

③展開2　紅藻が岩場に定着できないことに気付かせる。この段階で、生物間の関係は被食—捕食だけではないという新たな概念を見いだすことにつなげる。また、ヒトデとイガイ、フジツボの関係が、間接的に紅藻の生存を可能にしていることに気付かせ、間接効果という新たな概念で説明できるようにする。

④まとめ　ヒトデがキーストーン種であること、種の絶滅は生態系への影響があることに気付かせるようにする。班での話し合いの後、再度4コマ漫画を描かせる。

本時の評価（生徒全員の記録を残す場合）

　間接効果という新たな概念に気付くことで、生徒が「生態系のバランスの維持と種の絶滅が種多様性に与える影響」について見いだすことが可能となる。見いだしたことを、4コマ漫画に描かせ、これを用いて本時の思考・判断・表現の評価を行う。なお、間接効果から生態系のバランスが維持されることを見いだしにくい場合は教科書を確認させることで、この学習内容が中学校での既習事項を深めた内容であることに気付かせるように誘導することも考えられる。

2章　生態系とその保全　⑥時　生態系のバランス

知・技

思・判・表

主体的

●本時の目標：　生態系のバランスと変動を理解する。

●本時で育成を目指す資質・能力：　知識及び技能

●本時の授業構想

　　生態系は常に変動しており、変動の幅が一定の範囲内に保たれるが、大きな攪乱（かく）によってバランスが崩れる場合があることを理解させる。また、具体例として、自然浄化と富栄養化を理解させる。

●本時の評価規準（B規準）

　　生態系のバランスは変動の幅が一定範囲内に保たれるが、攪乱（かく）の程度が大きい場合には崩れることがあることを理解している。

生態系のバランスは、攪乱（かく）の程度によって、一定の範囲内に保たれる場合と、バランスが崩れる場合があることを理解しよう。

---

①導入【課題の把握】　　　　　　（5分）

前回の復習から、キーストーン種を除去すると生態系のバランスが崩れたことから、生態系のバランスが保たれる場合と崩れる場合があることに気付く。

前回の授業では、キーストーン種を除去すると、生態系のバランスが崩れましたね。

中学校では、食物連鎖を通じて生態系のバランスが保たれると習いました。

生態系のバランスが保たれる場合と崩れる場合があるのでしょうか？

②展開1【課題の探究1】　　　　（10分）

攪乱（かく）の程度が弱い場合は生態系のバランスが保たれることを理解する。

一次消費者が減少すると、食物が減って二次消費者も減りますね。

最終的には、食物連鎖を通じて、元に戻りますね。

一次消費者の減少が壊滅的ではないから戻ったのですね。

生態系を破壊する要因を攪乱（かく）といいます。今回は、攪乱（かく）の程度が弱かったのですね。

中学校とのつながり

　中学校では、自然界では生物がつり合いを保って生活していること、食物連鎖でつながっていることについて、学んでいる。

ポイント

①導入　前回の授業から、生態系のバランスが保たれる場合と崩れる場合があることに気付かせる。

②展開1　食物連鎖を通じて生態系のバランスが元に戻ることを例に、攪乱（かく）の程度が弱い場合は生態系のバランスが保たれることに気付かせる。

③展開2　自然浄化を例に、攪乱（かく）の程度が弱い場合は、生態系のバランスが保たれるが、例えば汚水の流入量が多すぎる場合には富栄養化して赤潮

やアオコが発生し、酸欠状態となって大量の生物が死滅するなど、攪乱（かく）の程度が大きいと生態系のバランスが崩れることがあることを理解させる。

④まとめ　生態系のバランスが保たれる場合と崩れる場合についてノートにまとめさせ、ペアで説明させる。話し合った後に、キーワードを発表させ、キーワードが各自の説明文に含まれているか確認させる。ペアで確認し、キーワードを意識することで、的確にまとめをすることができる。また、本時は、自分の意見を説明し、相手の意見を聞く機会とし、科学的に話し合う練習をさせる。

本時の評価（指導に生かす場合）

　指導に生かすために、課題に対する記述内容か

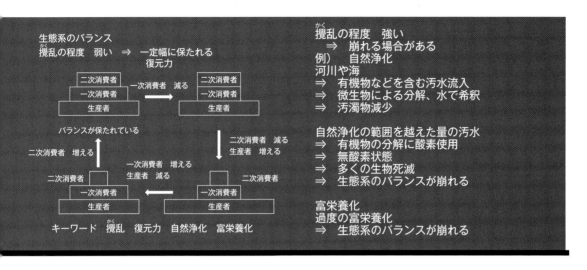

③展開2【課題の探究2】　　　　（15分）
攪乱の程度が強い場合は生態系のバランスが崩れる場合があることを理解する。

では、攪乱の程度が強いとどうなるのでしょうか？

水界の生態系だと、汚水が流入しても元に戻りますね。

でも、汚水が多すぎると元に戻りませんよ。

よく気が付きましたね。生態系のバランスが保たれるか、崩れるかは、攪乱の程度によりますね。

④まとめ【課題の解決】　　　　　（20分）
生態系のバランスについてノートにまとめ、ペアで説明し合う。

生態系のバランスは、攪乱の程度が弱いと、一定範囲内に保たれます。しかし、攪乱の程度が強いと崩れることもあります。

具体例として、自然浄化と富栄養化も加えてはどうですか？

考えを述べ合うことで、足りない部分が分かるので、知識が深まります。

ら、生態系のバランスは変動の幅が一定範囲内に保たれるが、攪乱の程度が大きい場合には崩れることがあることを理解しているかを確認する。

授業の工夫

自然浄化の範囲を越える場合には、生態系のバランスが崩れることがあり、生態系のバランスは人間の活動と関係することにも気付かせる。

2章　生態系とその保全　⑦時　人為的攪乱(かく)と生態系のバランス

知・技

思・判・表

主体的

●本時の目標：　生態系のバランスと人為的な攪乱(かく)とを関連付けて理解する。
●本時で育成を目指す資質・能力：　知識及び技能
●本時の授業構想
　　生態系のバランスと人為的攪乱(かく)とを生物濃縮を例に関連付けて理解させ、さらに人為的攪乱によって生物多様性が低下することについて外来種を例に理解させる。
●本時の評価規準（B規準）
　　生態系のバランスは人為的攪乱(かく)と関連があり、人為的攪乱によって生物多様性が低下することを理解している。

・本時の課題

生態系のバランスを人為的攪乱(かく)と関連付けて理解しよう。

---

①導入【課題の把握】　　　　　（5分）

前回の復習から、富栄養化は人為的攪乱(かく)によるものと気付く。

前回の授業では、富栄養化によって赤潮やアオコが発生し、生態系に悪影響を与えていました。

富栄養化はヒトが窒素肥料などを農地に大量投入することでも起きますね。

生態系のバランスが崩れるときは、人為的攪乱(かく)と関係があるのですね。ほかに例はあるのでしょうか？

②展開1【課題の探究1】　　　（10分）

有害物質の環境中への放出も人為的攪乱(かく)の一つであることを理解する。

北米のオンタリオ湖のカモメの例があります。

カモメの卵には湖水中の2500万倍のPCBが含まれていたようですね。

PCBはヒトが湖へ排出したのですね。どうして高濃度になったのでしょうか？

PCBは生体から排出されにくく、蓄積されやすいという性質があります。食物連鎖をヒントに考えましょう。

中学校とのつながり

　中学校では、外来種について学んでいる。発展として、「生物濃縮」を扱う教科書もある。

ポイント

①導入　前回の授業から、生態系のバランスが崩れる場合に人為的攪乱(かく)の影響があることに気付かせる。
②展開1　生物濃縮も人為的攪乱(かく)の影響であり、食物連鎖を通じて、高次消費者に高濃度に蓄積されることに気付かせる。
③展開2　ワークシートの表1から外来種の移入という人為的攪乱(かく)の後に、生物多様性のうち、種の多様性が低下することに気付かせる。

④まとめ　ワークシートの表2から、外来種を駆除すると在来種が増加することに気付かせる。そのことから、ヒトの取組によって人為的攪乱(かく)の影響が改善する生態系もあることを伝える。ただし、その取組は科学論文や調査などの結果から、科学的根拠に基づいて進める必要があることにも触れる。

ワークシートはこちらのQRコード、（本書の書誌情報、URL）にアクセスして、ダウンロードしてください。

人為的攪乱と生態系のバランス

生物濃縮：排出されにくく、蓄積されやすい有害物質
　　　　　が食物連鎖を通じて、濃縮される。

PCB　　　　　生体内　　　食物連鎖で　　高次消費
有機水銀　⇒　に蓄積　⇒　さらに濃縮　⇒者に被害
などヒト
が排出

例）オンタリオ湖のカモメの卵のPCB濃度は湖水の
　　2500万倍

外来種（ワークシート）
在来種の減少　⇒　生物多様性の低下
例）オオクチバス、フイリマングース
　　アライグマ、カダヤシ
　　グリーンアノール、セイタカアワダチソウ
　　など

◎　ヒトの取組で改善した例もある。

---

③展開2【課題の探究2】　　　　　　（15分）

ワークシート資料1を使用し、外来生物が種の多様性を低下させることを理解する。

外来種も問題になっていますね。どうしてでしょう？ワークシートの琵琶湖のオオクチバスの資料から考えてみましょう。

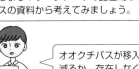

オオクチバスが移入した後は、種数の80％が減るか、存在しなくなっています！！

外来種が移入して、増加すると種の多様性が低下しますね。

よく気が付きましたね。生態系のバランスが人為的攪乱によって崩れ、生物多様性が低下しました。

④まとめ【課題の解決】　　　　　　　（20分）

ワークシート資料2を使用し、人為的攪乱の影響を低減させるために、私たちにできることがあることを理解する。

ヒトが原因なのですね。私たちにできることはないのでしょうか？

外来種を駆除した前後を比べてみると、在来種が復活しています。

私たちが、科学的根拠に基づいて、行動すれば、改善される可能性がありますね。

本時の評価（生徒全員の記録を残す場合）

　ワークシートの記述内容を評価する。「外来種の移入と増加によって、生物多様性の種多様性が低下した」、「外来種をヒトが駆除することによって在来種は回復する可能性がある」について記述できているかを見取る。

　具体的には、ワークシートの「考えてみよう1」の（3）は増加した種と減少した種の割合を示した上で、種多様性が低下することを記述できているか、「考えてみよう2」の（2）は駆除の前後の魚種数とその個体数を示した上で、ヒトが外来種駆除をすると、魚種数と個体数が回復する可能性があると記述できているかを評価する。

授業の工夫

　記述内容が事実やデータに基づいて主張したり考察したりしたものであることが、他者が見て分かるように指導する。また、人為的攪乱により種多様性は低下するが、ヒトの取組によって回復する可能性があることを見いだして理解させる。

2章 生態系とその保全 ⑧時 生物多様性と 生態系の保全

・本時の課題

生息地の分断を
例に、人間活動
が生態系へ与え
る影響と保全策
を説明しよう。

知・技 思・判・表 主体的

●本時の目標： 人間活動が生態系へ与える影響と生態系の保全策について考え、科学的に説明する。

●本時で育成を目指す資質・能力： 思考力、判断力、表現力等

●本時の授業構想
　鳥類の種数と生息地面積のデータから、生息地の分断の影響を説明させる。その上で、人間活動が生態系へ与える影響を知り、生態系の保全の取組（対策）を説明させる。

●本時の評価規準（B規準）
　人間活動が生態系へ与える影響と生態系の保全策について考え、科学的に説明している。

---

①導入 【課題の把握】 （10分）
本時の課題を確認する。

前の時間では、個体数が減少すると絶滅のリスクが高まること、多様性の低い生態系はバランスを保ちにくいと学びました。

われわれヒトはどのようにしたら生物多様性と生態系を保全できるのでしょうか？ 鳥類の種数と生息地面積を例に考えましょう。

生息地の面積が小さくても、大きくても生息密度は同じじゃないの？

グラフからは、生息地面積が小さいと種数が少ないよ。

---

②展開1 【課題の探究1】 （10分）
生物の種数と生息地面積の関係と生態系の保全策について個人で考え、記述する。

いいところに気付きましたね。種数は生息地面積が小さい場合と、大きい場合で異なりますね。

それなら、生息地が大きい場合は、種数が多いから、生物同士のつながりも複雑になるね。

生息地が小さくなると、種数が急に減少するね。生息地はある程度の大きさがないと、保全できないのかな？

中学校とのつながり
　中学校では、自然界のつり合い、自然環境の調査と環境保全について学んでいる。

ポイント
①導入　生息地が小さくなること（生息地の分断）で、種数が減り、生物間の相互関係が減少し、種多様性が低下し、絶滅のリスクが増加することに気付かせる。その際に、具体的なデータから気付かせるようにする。
②展開1　生物の種数と生息地面積の関係と生態系の保全策について、個人の意見を記述させる。
③展開2　その後、グループで話し合わせ、再度、自分の意見を記述させる。

④まとめ　さらに、他のグループの意見を聞き、ワークシートにまとめさせる。

鳥類の種数と生息地面積
皆さんの意見
（1）種数と種多様性
　　生息地が大きい
　　種数が多い→多様性も高い
（2）種数の減少
　　生息地が小さい方が減少しやすい
（3）工夫
　　・生息地の分断を避ける
　　・緑の回廊など
　　・事前に調査（環境アセスメント）

生物多様性と生態系の保全
皆さんの意見
ヒトにとって資源（品種改良や医薬品の開発）
→　生物多様性の保全、絶滅危惧種の保護保全
　　の取組
・レッドデータブックの作成
・ラムサール条約の制定
・里山の保全
・生物多様性ホットスポットの選定
・環境アセスメント

③展開2【課題の探究2】　　　　　　（20分）
生物の種数と生息地面積の関係と保全策についてグループで考え、記述する。

道路建設などをする場合に、どのようにしたら絶滅のリスクを減らせるかな？

緑の回廊とか。

工事をする前に、現状を調べるといいのでは？

生息地の分断を防げばいいね。

④まとめ【課題の解決】　　　　　　（10分）
他者の意見をもとに、生物多様性と生態系の保全について、まとめる。

生息地の分断への対策を考えることができましたね。他にも保全の具体例があるでしょうか？

レッドデータブックの作成もあるね。

生態系が保全されると、ヒトにとっても資源になります。

生態系サービスという考えもある。

生態系サービスを調べてみよう。

本時の評価（生徒全員の記録を残す場合）

　ワークシートの記述内容を評価する。生息地の分断化と種多様性の関係性、また、生態系の保全策を自分なりに考えて科学的に説明できているかを評価する。具体的には、鳥類の種数と生息地面積のデータから、生息地の分断と人間活動の影響を考察して表現していれば、Ｂ評価とする。

授業の工夫

　中学校までは、生態系の分野では概念の理解が中心であるので、高校ではデータから科学的に説明できるようにしたい。また、話し合いの前と後の考えの変容を見取らせ、自己の成長を認識させている。

2章　生態系とその保全　⑨時　人間活動と生態系

知・技

思・判・表

主体的

●本時の目標：　人間が生態系から受けている恩恵とその恩恵を持続的に受けるためにはどうすればよいか理解する。

●本時で育成を目指す資質・能力：　知識及び技能

●本時の授業構想

　生態系サービスは人間が生態系から受けている恩恵であり、生態系の恩恵を経済的に評価して可視化することで、生物多様性や生態系の価値を理解することができることを理解させる。また、持続的に生態系サービスを受け続けるためには、開発と生態系の保全を調和させるための環境アセスメントの必要性を理解させる。

●本時の評価規準（B規準）

　生態系サービスと環境アセスメントについて理解している。

---

①導入 【課題の把握】　　　　　（10分）

生態系サービスについて意識する。

南極など、手つかずの自然が残る地域では、環境保全を最優先にできるよね。日本ではどうかな？

環境保全最優先って、私たちの生活は不便になるのかな？

もし、生態系が破壊されたら、私たちが吸っている酸素もなくなりますね。人工的に酸素をつくると金額にしていくらぐらいでしょうね？

②展開1 【課題の探究1】　　　（15分）

生態系サービスについて、具体的に理解する。

そうか、生態系は、大気の組成を調整していますね。

生態系がしてくれていることを、お金で考えると、価値が分かりやすいね。

生態系から受ける恩恵を「生態系サービス」といいます。四つのサービスに分けられます。

中学校とのつながり

　中学校では、自然環境を保全することの重要性を学んでいる。

ポイント

①導入　まず、生態系サービスについて意識させる。例えば、大気中の酸素を人工的につくるとしたらどれくらいの金額になるか想像させるなどして、生態系の恩恵を経済的な視点から評価し、価値を意識させる。

②展開1　私たちが生態系から受けている恩恵をいくつか具体的に挙げさせ、ペアで話し合わせたりグループで考えさせたりする。話し合った結果を発表させ、生態系サービスには、供給サービス、

文化的サービス、基盤サービス、調節サービスがあることを具体的に理解させる。

③展開2　生態系からの恩恵を継続的に受けるためにはどうしたらよいか話し合わせたり、グループで考えさせたりする。

④まとめ　環境保全と生態系を調和させるには、人間活動の影響を評価するために環境アセスメントを行う必要があり、その評価から生態系の保全に配慮した行動を選択する必要があることを理解させる。

生態系サービス：人間が生態系から受けている恩恵
→生態系の恩恵を経済的に評価し、可視化することができる
供給サービス　文化的サービス　基盤サービス　調節サービス

環境アセスメント：開発の影響を調査・予測・評価
→開発と生態系の保全を調和させる

③展開2【課題の探究2】　　　（10分）

生態系からの恩恵を継続的に受けるためにはどうしたらよいか話し合う。

前の時間に、生息地の分断を考えたね。そのとき、生態系の現状を調べるとよいと分かったよね。

生態系サービスがなくなると困るね。

環境調査を事業の前に実施して、後にも実施するとよいですね。

④まとめ【課題の解決】　　　（15分）

環境アセスメントの手順を理解する。

よく気付きましたね。生態系サービスを持続的に受けるためには、生態系を保全し、開発と調和させる必要があります。そのために、「環境アセスメント」という制度があります。

開発の影響を事前に調査・予測・評価するのですね。

事後にも必要に応じて調査をするのですね。ヒトも生態系の中の生物ですからね。

本時の評価（指導に生かす評価）

　生態系サービスとは人間が生態系から受けている恩恵であり、生態系の恩恵を経済的な視点で評価して価値を可視化することができること、生態系の保全と開発を調和させるために環境アセスメントが必要であることを理解しているかを評価することが考えられる。

授業の工夫

　生態系の恩恵を経済的な視点から評価するという考えは中学校では学んでいない。そこで、環境を保全するには、経済的な視点も必要であることにも気付かせたい。

2章　生態系とその保全 ⑩時　ゲンジボタルの移植1
（探究活動②-1）

知・技

思・判・表

主体的

●本時の目標：　ゲンジボタルの移植に対する提案について、主体的に関わり、科学的に探究しようとする。

●本時で育成を目指す資質・能力：　学びに向かう力、人間性等

●本時の授業構想
　　本時の課題について自分の考えを記述させ、チェック項目をもとに、自分と班員の提案がそれぞれ項目を満たしているか確認し振り返らせる。

●本時の評価規準（B規準）
　　今までの授業を参考にゲンジボタルの移植に対する提案について、主体的に考案し、班員と協働しながら、科学的に探究しようとしている。

・本時の課題

ゲンジボタルの移植に対する提案を記述して班で共有し、互いにチェックしよう。

①導入【課題の把握】　　　　　（20分）
課題を確認し、個人の考えを記述する。

科学者としてだから、論文などの根拠が必要ですね。

ゲンジボタルを移植すれば、村おこしになるよね。

②展開1【班の編成】　　　　　（10分）
各自の記述を見て、生徒同士で自主的に班になる。

皆さんの提案を見て、班を決めましょう。

皆の意見を一覧表で見ることができるから、参考になります。

私の意見と近い人と班になろうかな。

中学校とのつながり
　　外来生物とその問題点について学んでいるが、同種内での遺伝的多様性については学んでいない。

ポイント
①導入　個人の意見を1人1台端末の学習支援ソフト等に入力させ、教師はクラス全員の意見が閲覧できるようにする。
②展開1　クラス全員の提案を閲覧させながら、自主的に班を編成させる。
③展開2　チェック項目を次の三つ「①科学的根拠があるか。」「②生態系サービスの視点があるか。」「③妥当な意見か。」として、自己チェックを実施し、すべてのチェック項目を満たした場合

は3点、いずれも満たしていない場合は0点とし、良い点と改善点を文章で記述させる。
④展開3　班員の提案を自己チェックと同じ方法で他者チェックをする。すべてのチェック項目を満たした場合は3点、いずれも満たしていない場合は0点とし、良い点と改善点を文章で記述させる。

本時の課題
①　あなたの立場：関東地方のA町に住む科学者
②　A町の現状：A町のある小河川において、<u>かつて見られたゲンジボタルを復活させ、村おこしをする目的で、川を浄化し、周囲の環境を整備しました。</u>
③　今後の町の計画：ここにゲンジボタルが多く生息する近畿地方のB県からゲンジボタルの幼虫を移植し、多数のホタルが舞うようにしようと計画しています。
④　この移植案を科学者として、村おこしと生態系の両方にとってより良くする提案をしよう。

本時の進め方
①　個人の意見をフォームに入力する。
②　全員の意見を見て、班になる。
③　自己チェック１回目
　①の自分の記述がチェック項目を満たしているか確認する
④　他者チェック
　班のメンバーの記述もチェック項目を満たしているか確認する

③展開2【自己チェック】　　　（5分）

自己の記述をチェックする。全てのチェック項目を満たしていれば3点、満たしていない場合は0点とする。

科学的な根拠か、ゲンジボタルの生態や移植に関する論文が必要になりますね。

妥当な意見って、科学的な根拠だけではダメなのかな？

科学的な根拠だけで人は動くわけではありませんね。共感をしてもらった方が進みやすいこともありますね。

④展開3【他者チェック】　　　（15分）

③と同様に他者の記述をチェックし、一言コメントを記述する。他者チェックを通じて班員の意見を共有する。

Aさんの提案は、ゲンジボタルの核DNAが異なることが記述されているので、科学的根拠がありますね。

Bさんの提案は生態系サービスの観点を入れるとより良くなりますね。

他者のチェックをするにはチェック表をよく理解する必要がありますね。

本時の評価（指導に生かす場合）

　本時の課題に対する提案の記述を、次の三つのチェック項目で確認させる。
　①科学的根拠があるか。
　②生態系サービスの視点があるか。
　③妥当な意見か。
　上記項目をすべて満たしていれば3点、いずれも満たしていなければ0点とする。点数の合計だけでなく、一言コメントを書かせるとよい。生徒の活動や記述を見取ることで、粘り強く取り組む様子を評価する。なお、上の項目を次のような易しい表現に置き換えることもできるだろう。
❶根拠(データ)をもとに説明しているか。
❷生態系サービスについて考えているか。
❸説得力があるか。

授業の工夫

　生徒が主体的に活動することと、提案の内容の充実の両立をするために、チェック表を用いて点検するようにしている。

2章 生態系とその保全 ⑪時 ゲンジボタルの移植2
（探究活動②-2）

知・技

思・判・表

主体的

●本時の目標：　ゲンジボタルの移植に対して、より妥当な提案をする。

●本時で育成を目指す資質・能力：　思考力、判断力、表現力等

●本時の授業構想
　　前時のチェックをもとに、班で議論し、班としてより妥当な提案を考えさせ
る。そして、発表のためのスライドを作成させる。

●本時の評価規準（B規準）
　　ゲンジボタルの移植に対して、班で意見を共有し、より妥当な方法を提案し
ている。

---

①展開1 【班で意見を共有】　　　（10分）

自己チェックと他者チェックの結果をもとに、班の
メンバー全員が自分の意見を口頭で説明する。

ゲンジボタルを移植したい
です。

生態系サービスのうち、文化
的サービスに着目して、ホタ
ルが舞うとよいですね。

②展開2 【班で意見をまとめる】　　（10分）

班員の意見を共有して、方向性とその課題を明らか
にする。

ゲンジボタルが舞うと文化的サービスになり
ますね。

ゲンジボタルは関西と関東で遺伝子が異なる
ので、関西から関東への移植は避けたいです。

ゲンジボタルが舞うことを目指すけれど、遺
伝子が異なるという問題点があると分かりま
した。

ポイント

①展開1　班の中で、自分の意見を互いに発表さ
せる。

②展開2　発表された意見とチェック項目から、
班としての意見をまとめて方向性を決めさせる。
また、移植するに当たっての課題（遺伝的な問題
や生態系への影響など）も明らかにさせる。

③展開3　課題を解決できるように相談させる。
情報が不足している場合、さらに調べさせる。

④展開4　班の提案をスライドにまとめさせる。
発表時間は3分程度、スライドは3枚程度である
ので、伝えたいことが的確に伝わるように意識さ
せる。

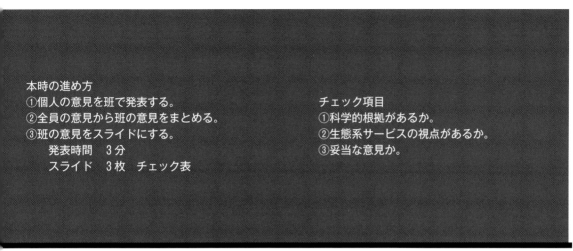

本時の進め方
①個人の意見を班で発表する。
②全員の意見から班の意見をまとめる。
③班の意見をスライドにする。
　発表時間　3分
　スライド　3枚　チェック表

チェック項目
①科学的根拠があるか。
②生態系サービスの視点があるか。
③妥当な意見か。

③展開3【班の提案の改良】　　（5分）

課題を解決できるように相談する。

ゲンジボタルを移植するのではなく、遺伝的に同じ地元のヘイケボタルを移植するのはどうですか？

もしくは、地元にゲンジボタルが残っていないか探すのはどうでしょうか？

④展開4【スライドの作成】　（25分）

班の提案をまとめる。

今までの話し合いの結果から提案をスライドにまとめよう。

そうだね。分担してスライドをつくろう。

次回は、クラスでスライドを使って提案を発表しましょう。

本時の評価（指導に生かす場合）

　ゲンジボタルの移植に対する課題が明らかになっているか、その上で解決策を考案できているかを見取る。

授業の工夫

　ゲンジボタルの移植の問題点に気付かせ、生態系サービスと両立できる方法を提案させている。その際、チェック項目があることで、改善の方向性がわかりやすくなる。議論がうまく進んでいない班には、教師から質問するなどして、議論の論点を整理するとよい。

2章　生態系とその保全　⑫・⑬時
ゲンジボタルの移植3（探究活動②-3）

知・技

思・判・表

主体的

●本時の目標：　ゲンジボタルの移植に対する提案の妥当性を検討する。
●本時で育成を目指す資質・能力：　思考力、判断力、表現力等
●本時の授業構想
　　作成したスライドを全体発表させ、提案を相互にチェックさせる。その後、
クラス全員による他者チェックの結果や文章でのコメントを確認させ、自分の
班の提案の良かった点、改善すべき点を検討させる。
●本時の評価規準（B規準）
　　ゲンジボタルの移植に対する提案について、科学的な根拠をもとに妥当性を
検討して表現している。

・本時の課題

ゲンジボタルの
移植に対する提
案を班（グルー
プ）で発表し、
科学的な根拠を
もとに妥当性を
検討しよう。

---

①展開1【発表を聞く】　　　　　（30分）

他の班の発表を聞く（1班3分で、10班なら全体で
30分程度かかる）。

②展開2【他者チェック】　　　　（20分）

他の班の発表をチェック項目に基づいてチェックす
る（1班2分程度で、10班なら全体で20分かかる）。

科学的根拠が分かりにくいですね。

論拠が分かりにくいから、妥当かどうか判断
しにくいですね。

ゲンジボタルが舞うと、文化的サービスだと
いうのは良い視点だと思います。

ポイント

①展開1　他の班の発表を聞かせるとともに、自
分の班の発表をさせる。
②展開2　発表する班以外は、チェック項目であ
る「科学的な根拠があるか。」、「生態系サービス
の視点があるか。」、「妥当であるか。」の三つの観
点から他者チェックをさせる。良い点と改善点は
文章で記述させる。その際、学習支援ソフトなど
で回答を回収すると、即時に全員の回答を確認す
ることができる。
③展開3　他の班の発表に対する質問を考えさせ
る際には、批判的な思考をもつことも重要である
ことにも気付かせる。

④展開4　回収した他者チェックの結果を各班で
確認させる。特にチェック項目を満たしていない
場合は、次回の授業で改善できるように検討させ、
改善点を記録させる。

※一つの班の発表ごとに、①発表（3分）→②他
者チェック（2分）→③質疑応答（3分）の展開
の過程を経ることとする。

発表　3分 スライド　3枚	発表の相互チェック項目：フォームに入力		
	項目	小項目	得点
	必要な根拠があがっている	① 説明に必要な科学的根拠があがっているか。	
		② 生態系サービスの視点があるか。	
		③ 妥当な意見か。	
		合計得点	点/3点中

コメントしよう。良かった点、改善した方がよい点を記入しよう。
具体的な改善策を記入しよう。

③展開3【質疑応答】　　　　（30分）

チェック項目を意識して、質問する（1班3分で、10班なら全体で30分程度かかる）。

ゲンジボタルの移植をするんだね。遺伝子が異なるのにいいのかな？

④展開4【他者チェックの確認】　（20分）

他者チェックの結果を確認し、改善点を検討し、記録する。

ゲンジボタルを移植すると提案したのに、科学的根拠の項目が低いです。

村おこしには必要だと思いますが。もっと、参考文献を探しましょう。

次回は、他者の意見を踏まえて、改良しましょう。

本時の評価（指導に生かす場合）

　④で記録した改善点によって、ゲンジボタルの移植に対する提案が「科学的な根拠があるか。」、「生態系サービスの視点があるか。」、「妥当であるか。」の3点を満たすようになるかについて教師も見取ることによって、指導に生かす。

授業の工夫

　他者からもチェックとコメントをしてもらうことで、生徒が自己の良い点に気付くようにしている。他者チェックは自己チェックより点数が高くなる場合が多く見られることから、他者チェックが自己肯定感の高まりにつながることもある。

2章　生態系とその保全　⑭時　ゲンジボタルの移植4
（探究活動②-4）

知・技

思・判・表

主体的

●本時の目標：　ゲンジボタルの移植に対する提案を再考し、個人で改善案を記述する。また、単元全体を振り返る。

●本時で育成を目指す資質・能力：　学びに向かう力、人間性等

●本時の授業構想
　　ゲンジボタルの移植に対する提案を科学者になったつもりで改良し、再度、改善案を個人で記述させる。

●本時の評価規準（B規準）
　　ゲンジボタルの移植に対する改善案を記述している。また、単元全体を振り返り、自己の成長と今後の学習への課題を記述している。

---

①展開1　【班で提案の改善】　　　（10分）
班で改善策を協議する。

> 科学的根拠を明示しよう。

> ゲンジボタルではなく、ヘイケボタルにしましょう。

> 地元のヘイケボタルにすれば、遺伝的な問題も文化的サービスも解決します。

②展開2　【個人の提案を再記述】　（10分）
改善案を再度記述する。

> 地域のヘイケボタルの移植なら、遺伝的な問題は解決できます。

> 論拠があって、妥当です。村おこしにもなりますし、文化的サービスにもなります。2回目の提案の記述はうまくできます。

ポイント
①展開1　班で改善策を協議させる。
②展開2　改善案を再度記述させる。
③展開3　自己チェックを再度させる。その際、教師は2回目の記述の方がより良い記述になったかを生徒に確認させる。また、自己の成長を記録させ、ゲンジボタルの移植に対する自己の考えの変容を振り返らせる。
④まとめ　単元の最初に授業前の考えを記述した振り返りシートを再度配布し（学習支援ソフト等で回答を得ておくことも考えられる）、ワードマップと記述問題を記入させる。事後のワードマップは赤字で記入させる。

事前（①時）と事後（本時）の変容を見取り、成長を認識させる。また、自己の成長と次の単元への課題も記述させる。

本日の進め方
① 発表の他者チェックの結果から改善策を班で相談する。
② 個人で、改善した提案をフォームに入力する。
③ ②の記述について２回目の自己チェックをする。
　　チェック項目　①科学的根拠があるか。
　　　　　　　　　②生態系サービスの視点があるか。
　　　　　　　　　③妥当な意見か。
　　　　　　　　　良い点と改善点をコメントする。
④ ゲンジボタルの移植の振り返りと単元全体の振り返りを記入する。

③展開３【２回目の自己チェック】（15分）
再度記述した個人の改善案について、チェック項目を満たしているかどうか自己チェックをする。

> １回目の記述と比較すると、チェック項目を満たした数が増えました。

> １回目と２回目の記述をチェック項目を満たした数で比較すると、成長したことが分かりますね。

④まとめ【振り返りシートの記述】（15分）
単元の学習の１回目で記述したワークシートに事後の考えを追記する。ワードマップには赤ペンで追記する。

> ワードマップは、事後に多く記述できました。

> 同じ問いなのに、授業後の考えは正確に記述できて、量が増えました。

> 事前と事後では、ワードマップは単語が増え、記述は内容が深まりましたね。よく努力した成果です。

本時の評価（生徒全員の記録を残す場合）
　個人で再度記述した改善案を教師も同じチェック項目で評価し、記録に残す評価とする。またゲンジボタルの移植をグループで考えたことによる自己の成長を記述したものを教師が評価する。

　振り返りシートは、記述について、単元の前後での変容を見取り、評価する。事後の記述のみで評価することも考えられる。自己の成長を認識できているかも評価する。

授業の工夫
　生徒には、単元の前後で、振り返りシートを記述させ、比較させることで、自己の成長を認識させ、自己肯定感を高めたい。

学習評価のポイント

ワークシートの評価1

　課題「ゲンジボタルの移植の提案を班で考え、発表したことで、あなたの学びに変化や成長した点がありましたか。具体的に記述してください。」に対する記述を分析し、評価をする。

【評価Bの例】

①同じホタルでも住む地域の違いによって遺伝子汚染が起こり、生物多様性が失われる恐れがあることについてより詳しく調べたい。

②分からないことを知るために、論文を調べたりする事で、新たな情報を調べて知るということをできるようになった。

　探究活動を通して、①より「生態系とその保全」について学んだこと、もしくは、②より成長した点について、具体的に表現しているので、主体的に学習に取り組む態度の観点で「おおむね満足できる」状況（B）と判断できる。

【評価Aの例】

①地域固有の遺伝子が混ざってしまわないように、移植するときにはなるべく近くの個体群を移植するのが良いとわかった。
②この授業を通して、提案など、何かを考えるときには良い面と悪い面の両方をよく知ってから提案や方針を考えることが大切だとわかった。
　新しいことを始めるには、③いろいろな立場の意見を聞くことが重要で、それぞれが納得できる道を探ることがより良い世界につながっていくのではないかと感じた。

　探究活動を通して、①より「生態系とその保全」について学んだことと、②③より成長した点について、両方とも具体的に表現しているので、主体的に学習に取り組む態度の観点で「十分満足できる」状況（A）と判断できる。

【評価Cの例】

ゲンジボタルの知識が増えた。

　探究活動を通して、「生態系とその保全」について学んだこと、及び、成長した点について、具体的に表現していないので、主体的に学習に取り組む態度の観点で「努力を要する」状況（C）と判断できる。

ワークシートの評価2

　ワークシートの2回目の記述（提案記述）を教員が評価規準に沿って評価する。
　評価規準①「説明に必要な科学的根拠が挙がっているか。」は、論文など根拠を示している場合は満たしたとする。
　評価規準②「生態系サービスの視点があるか。」は、生態系サービスの視点から提案を述べている場合は満たしたとする。
　評価規準③「妥当な意見か。」は、多くの立場を考慮したり、メリットとデメリットの両方を示したりして、多角的に考えた上で意見を述べている場合は満たしたとする。
　規準①〜③を全て満たした場合、評価A、二つを満たした場合、評価B、一つもしくは0の場合、評価Cとする。学校の実態に応じて満たした数と評価は変更することも考えられる。

単元の振り返りシートの評価1

　ワードマップは、生徒自身が成長を認識するため、及び、記述に必要な内容の想起に活用するが、教員が評価し記録に残すことも考えられる。

【ワードマップの例】

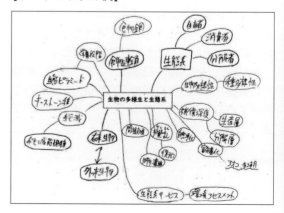

事後（赤字）には、単元で新しく学んだ用語が記入され、用語同士が適切につながれ、関連が分かる。そのため、事前（黒字）と比較して、事後の学習が深まったことが見て取れる。よって、記録に残すならば、主体的に学習に取り組む態度の観点で「十分満足できる」状況（A）と判断できる。

授業後の考え「生物同士の関係性はどのように生物の多様性に影響を与えるか。」に対する記述を分析し、評価する。
【評価Aの例】

> 生物どうしは食物連鎖でつながりなり、食物網が形成されることになって、異なる環境を利用する生物が存在し多様な種ができる。

食物連鎖が複雑な網目状の食物網となること、及び、それらが生態系の中で異なる環境を利用することで多様な種が存在し、結果として環境の違いが生物多様性に影響することの両方を説明している。主体的に学習に取り組む態度の観点で「十分満足できる」状況（A）と判断できる。

授業後の考え「人間の活動は生態系にどのような影響を与えているか、また、生態系を保全するためにわれわれは何ができるだろうか」に対する記述を分析し、評価する。
【評価Aの例】

> 水界では、流水する汚水の量が少ないときは、自然浄化によって水界の生態系はもとに戻るが、多量の生活排水が流水すると、赤潮やアオコが発生し、生態系の大きくかく乱されて、すぐにはもとの生態系に戻らなくなる。
> 生態系を保全するためには、人間活動による環境負担を減らしたり、保護区をつくったり、保全対象を明確にして管理をしたりする、などの取組ができる。

人為的撹乱の影響が大きいと回復しないことがあること、及び、環境保全の具体的な手段の両方を記述できている。主体的に学習に取り組む態度の観点で「十分満足できる」状況（A）と判断でき

る。

学習後の気付きについて、「①成長した点はありますか。具体的に記述しよう。」「②あなたの学習の課題だと考える点はありますか。あれば具体的に記述し、今後の学習ではどのように改善するか記述しよう。」に対する記述を分析し、評価する。
【評価Aの例】

> ①ヒトは様々な生態系サービスによって快適に過ごせているんだとわかった。生態系サービスをより先まで受けられるように、一人一人が自然を理解し環境アセスメントなどの制度を知っておかなくてはならないと思った。
>
> ②どのような経緯で動物が絶滅していくのかなどの、単語とともに理由を説明できるようにならないといけないと思った。
> 今後は意味まで深く理解できるようにしっかりと教科書を読む。

①より、「生態系とその保全」について、成長した点、及び、②より学習の課題の両方を具体的に記述できている。主体的に学習に取り組む態度の観点で「十分満足できる」状況（A）と判断できる。

なお、単元の振り返りシートの評価1〜4では、評価Aは両方を具体的に記述できている場合、評価Bはどちらか片方のみ具体的に記述している場合、評価Cはどちらも具体的に記述していない場合とした。

執筆者からのエール

植生はさまざまな学問とつながるマルチな分野

第3編第1章　執筆者
吉田　朋子
（大分県立安心院高等学校）

　先生方は高校生のとき、植生について、どのような授業を受けられましたか？ 実際に観察・調査した先生は少数ではないでしょうか？ 私は、草花や樹木絡みで言えば、なぜか高校より小学校で観察した「アサガオ」の印象の方が圧倒的に強いです。高校で教科書やICT機器で写真や図を見ながら学習しても、イメージとして記憶に残るぐらいで、別の場面になれば、さらっと忘れられそうな気がしませんか？ そして、小学校の時のようにゆっくりと時間をかけて一つのものを観察する時間もなかなか取れないですよね。その辺は仕方ないとしても、高校の生徒たちが実際に校庭に出て身近な植物を観察する機会があれば、もしかしたら時間を跨いだ別の場面で「あのとき見た植物」を思い出すかもしれません。生徒たちには、例えば将来小さな子どもを連れて散歩したときに、花の名前など少しでも自分の知っていることを付け加えながら、一緒に見て回れたらいいんじゃない？　と伝えています。

　私の場合、序章の探究の過程を学ぶ場面で植生を題材として扱っています。その方が季節的にも適していますし、授業時間の運用にも役立つからです。また、以前は樹木の名前などはあまり自信がなかったのですが、最近の高校生たちは1人1台端末を標準装備していますから、そのストレスもなくなりました。また、これらの機器は事前に先生が校庭の植物を把握するのにも役立ちます。生徒に樹木の葉をスケッチさせると、匂いに気づく生徒もいます。葉の断面図を観察すれば、効率よく光合成ができる構造になっていることに気がつきます。あたたかさの指数を用い、ここ数年の全国の平均気温でバイオームを割り出すと、教科書の図とかなり違ってきていることに驚き、「温暖化？」と生徒たちがつぶやいています。さまざまな発見とつながりやすいマルチな分野だと思って、実践されるのもアリではないかと思います。

自己満足の授業ではなく、生徒としっかり向き合った授業を実践

第3編第2章　執筆者

生田　依子

(奈良県立青翔中学校・高等学校)

「自己満足の授業ではいけません。生徒としっかり向き合った授業をしましょう。それは生徒が将来を自ら切り拓く力となるのです。」これは、高校教員3年目だった私への校長先生のお言葉です。当時、模試の偏差値を高くするために、一方的に教え込む授業をしていました。このお言葉は私にとって、教員としての在り方を考える大きな転機となりました。

それ以降、生徒が自ら課題を見いだし、根拠をもって、課題を解決できる力を付ける授業をしようと工夫してきました。そして、探究的な学びを支援してくださる大学の先生や主事の先生方と出会い、生徒の主体的な学びを支援する授業ができるようになりました。その集大成が本書第3編第2章「生態系とその保全」です。特に10時間目から14時間目にあたります。

チェック項目を参照して、グループで協働し、自己の記述を振り返って修正するという活動を通じて、生徒たちの科学的リテラシーや非認知能力が向上したことを本校ではジェネリックスキルテストなどを活用して客観的に見取り確認しています。(なお、模試の偏差値は現在の方が高いです。)

また、日本財団18歳意識調査第62回では「自分の行動で社会や国を変えられると思う」に対する肯定的回答は45.8%です。この質問を、本書の実践を行っている本校の高等学校第1学年に対して実施し、単元の前後で比較しました。すると、肯定的回答は事前で47.1%でしたが、事後は70.6%でした。生徒が主語になる授業を実施すれば、生徒がその後の人生を生きる基盤を提供できるとわかります。

本書を手に取ってくださった皆様、生徒の成長を信じ、主体的に学ぶ支援ができる授業を自信もって実践してください。育成したい生徒像が実現し、生徒の資質・能力の向上を必ず目の当たりにできます。

生物教育への期待

後藤　顕一
（東洋大学食環境科学部　教授）

　日本学術会議、基礎生物学委員会・統合生物学委員会合同生物学分野の参照基準検討分科会では、大学教育の分野別質保証のための教育課程編成上の参照基準を約 30 ページでまとめている。そこには単に大学学士課程卒業時に身に付けるべき生物学固有の資質・能力が示されているだけではなく、初等中等教育との接続も意識した国民レベルで身に付けておいてほしい資質・能力が生物学の視点から示されており、高等学校理科に携わるものであれば一度目を通す必要があろう。また、この文章を深く読み解くと、その中には生物学の本質が示されており、その本質は、基盤である高等学校生物基礎の学習にも反映すべきだと考えられる。以下、その概要をまとめる。

●多様性と共通性の理解：生物学は、生物の多様性と共通性を理解することで、人間社会や地球環境に対する洞察を深めることができる。

●複雑なシステムの分析：生物学は複雑な現象を扱うため、対照実験やフィードバックシステムの理解を通じて、高度な認識力や分析力を養うことができる。

●還元的・総合的手法：生物学が用いる還元的な手法や総合的な手法は、自然科学や社会科学全般で複雑系を理解する際にも有効である。

●倫理観の醸成：生物学の知識は、生命倫理観や環境倫理観の形成に役立つ。

　これらの根幹をなす哲学の一つに「バイオミメティクス」（生物模倣）があると考える。「バイオミメティクス」は、先に示した参照基準でも学ぶべき項目として示されている。具体的には、自然界では生きものは何十億年という時間の流れの中で、自然選択には中立的な（自然選択を受けない）確率的プロセスを経て現在のカタチにあること、人間はそこから学ぶとともに、人間の知恵を加えて工夫することにより、さらなる新たな英知を作り出してそれらを活用することを指す。この視点を用いれば、現代の人間が抱えている環境や資源、交通、情報を含めた多くの諸問題を解決する糸口は、無数にある生きものたちのこれら生存戦略に隠れていると考えられる。

　日本学術会議が示している生物学の基準「多様性と共通性の理解」「複雑なシステムの分析」「還元的・総合的手法」「倫理観の醸成」は、それぞれ、内容項目として捉えても極めて重要である。さらにこれからの生物教育には、令和の日本型学校教育をはじめとする学びの視点、持続可能な世の中（SDGs）の構築の視点、ウェルビーイングの視点からも、これら規則性や法則性、構造や仕組みの解明や理解に留まるのではなく、見方を変えたバイオミメティクスの視点である「自然から学び、人間生活に活用し、還元する」という精神を生物教育の根幹の哲学に据えることが必要であると考える。これは、広い分野での問題解決や判断、さらには実装化に役立つことは言うまでもない。また、生物基礎はもとより、学校教育で身に付けるべき汎用的な資質・能力につながる。これらの発想を生物の内容とつなげて具体的に学び、社会とのつながりを学習者が意識できるようにすることが、私のこれからの生物教育への期待である。

参考文献

■書籍全体の参考文献

文部科学省, 『高等学校学習指導要領（平成 30 年告示）解説　理科編　理数編（平成30年 7 月）』https://www.mext.go.jp/component/a_menu/education/micro_detail/__icsFiles/afieldfile/2019/11/22/1407073_06_1_2.pdf（2024年 6 月アクセス）

文部科学省, 『高等学校学習指導要領（平成 30 年告示）解説　理科編　理数編（平成30年 7 月）』, 実教出版（2019）.

後藤顕一, 野内頼一, 藤本義博 編, 『板書＆展開例でよくわかる　指導と評価が見える365日の全授業　中学校理科 1～3 年』, 明治図書（2023）.

国立教育政策研究所『「指導と評価の一体化」のための学習評価に関する参考資料』, 小学校理科（2020）, 中学校理科（2020）, 高等学校理科（2021）, 高等学校理数（2022）, 東洋館出版社.

日本理科教育学会 編, 『理科の教育』東洋館出版社.

山口晃弘他 編著, 『中学校 1～3 年 板書で見る全単元・全時間の授業のすべて 理科』東洋館出版社（2021）.

中央教育審議会「幼稚園、小学校、中学校、高等学校及び特別支援学校の学習指導要領等の改善及び必要な方策等について（答申）」（平成28年12月21日）https://www.mext.go.jp/b_menu/shingi/chukyo/chukyo0/toushin/1380731.htm（2024年 3 月アクセス）

中央教育審議会 初等中等教育分科会 教育課程部会「児童生徒の学習評価の在り方について（報告）」（平成31年 1 月21日）https://www.mext.go.jp/b_menu/shingi/chukyo/chukyo3/004/gaiyou/1412933.htm（2024年 3 月アクセス）

初等中等教育局長通知「小学校、中学校、高等学校及び特別支援学校等における児童生徒の学習評価及び指導要録の改善等について（通知）」（平成31年 3 月29日）https://www.mext.go.jp/b_menu/hakusho/nc/1415169.htm（2024年 3 月アクセス）

中央教育審議会「「令和の日本型学校教育」の構築を目指して～全ての子供たちの可能性を引き出す、個別最適な学びと、協働的な学びの実現～（答申）」（令和 3 年 1 月26日）https://www.mext.go.jp/b_menu/shingi/chukyo/chukyo3/079/sonota/1412985_00002.htm（2024年 3 月アクセス）

日本学術会議「大学教育の分野別質保証のための教育課程編成上の参照基準」https://www.scj.go.jp/ja/member/iinkai/daigakuhosyo/daigakuhosyo.html（2024年 3 月アクセス）

国立教育政策研究所「OECD生徒の学習到達度調査（PISA）」https://www.nier.go.jp/kokusai/pisa/（2024年 3 月アクセス）

国立教育政策研究所「学習指導要領実施状況調査」https://www.nier.go.jp/kaihatsu/cs_chosa.html（2024年 3 月アクセス）

中央教育審議会 初等中等教育分科会 教科書・教材・ソフトウェアの在り方ワーキンググループ「新学習指導要領が目指す方向性と教科書・教材・ソフトウェアの在り方について（案）」https://www.mext.go.jp/content/20220322-mxt_kyokasyo01-000021425_04.pdf（2024年 6 月アクセス）

日本学術会議「高等学校の生物教育における重要用語の選定について（報告）」, （2017）. https://www.scj.go.jp/ja/info/kohyo/pdf/kohyo-23-h170928-1.pdf（2024年 6 月アクセス）

日本学術会議「高等学校の生物教育における重要用語の選定について（改訂）（報告）」, （2019）. https://www.scj.go.jp/ja/info/kohyo/pdf/kohyo-24-h190708.pdf（2024年 6 月アクセス）

日本生物教育学会 編, 『生物教育』一般社団法人日本生物教育学会

後藤顕一, 藤枝秀樹, 野内頼一, 佐藤　大, 伊藤克治, 真井克子 編, 『探究型高校理科365日 化学基礎編』, 化学同人（2024）.

■生物基礎教科書（2023）

東京書籍『生物基礎』

東京書籍『新編 生物基礎』

実教出版『高校生物基礎』

啓林館 『i版 生物基礎』

数研出版『高等学校　生物基礎』

数研出版『生物基礎』

数研出版『新編 生物基礎』

第一学習社　『高等学校　生物基礎』

第一学習社　『高等学校　新生物基礎』

■各章の参考文献
●第1編　第1章　生物の特徴
新編生物基礎編集委員会・東京書籍株式会社編集部，『新編　生物基礎　指導書』，東京書籍，（2021）.

梶田 隆章，真行寺千佳子，永原 裕子，西原 寛ほか，『新しい科学　1～3』，東京書籍，（2023）

●第2編　第1章　神経系と内分泌系による調節
国立教育政策研究所『「指導と評価の一体化」のための学習評価に関する参考資料』，高等学校理科　（2018）.

川嶋　直 著，『KP法　シンプルに伝える紙芝居プレゼンテーション』，みくに出版（2013）.

●第2編　第2章　免疫
D. B. Peacock et al., *Clinical & Experimental Immunology*, **13** （1973）.

●第3編　第1章　植生と遷移
気象庁各地の気温、降水量、風など　https://www.data.jma.go.jp/stats/etrn/index.php

●第3編　第2章　生態系とその保全
啓林館　『i版生物基礎　教授資料』

中井 克樹（滋賀県立琵琶湖博物館），「オオクチバス小グループ会合（第3回）のための資料」，2005年1月7日
https://www.env.go.jp/nature/intro/4document/data/sentei/fin_bass03/ext02.pdf

杉浦 真治，「種数－面積関係の展開：種間相互作用ネットワークと生息地面積との関係」，日本生態学会誌，2012年62巻
　　　3号 p.347-359.

F.W. Preston, "Time and space and the variation of species," Ecology, 1960年41巻4号 p.612-627.

索　引

英数字

Ⅰ型糖尿病 76
Ⅱ型糖尿病 76
ATP 18, 20
　　――合成 22
　　――合成酵素 20
B細胞 91
DNA 32, 38, 42, 44
　　――の構造 34
　　――を抽出 14
G_1期 39
G_2期 39
Google Classroom 71
HIV 98
mRNA 44
M期 39
NK細胞 88, 91
PCB 142
S期 39
T細胞 91

あ

脚の筋肉の酸素不足 60
暖かさの指数 114
アデニン 18
アドレナリン 68, 75
アナフィラキシー 100
亜熱帯多雨林 115
アミノ酸 42
アミラーゼ 24
イガイ 138
維管束 117
イシクラゲ 11
一次消費者 133, 140
一次遷移 120
遺伝子 14, 32, 48
　　――とその働き 28
遺伝情報
　　――の発現 42, 44
　　――の複製と分配 36, 38
陰樹 118
インスリン 72, 75, 77, 79
　　――濃度 76
　　――の受容低下 78

　　――の分泌不足 78
　　――分泌 74
陰生植物 118, 119
陰葉 116, 117
ウイルス 100
運動による心拍数の変化 61
液胞 17
エネルギー 18, 21
塩基 42
　　――配列 35, 42
オオカナダモ（葉） 10, 12
オンタリオ湖 142

か

海綿状組織 117
外来種 143
科学的根拠 149, 153
核 17
攪乱の程度 140, 141
過酸化水素 22, 24
カタラーゼ 22, 24
カモメ 142
夏緑樹（林） 110, 115
間期 41
環境 110, 112, 121, 132
環境アセスメント 145, 146, 147
桿菌 11
がん細胞 88
間接効果 139
感染症 86, 95
キーストーン種 138, 140
気孔 117
基質特異性 25
球菌 11
魚類 6
グリコーゲンの合成と分解 74
グルカゴン 73, 75, 79
グルコース 20, 77
　　――濃度を下げる 75
系統樹 7
血糖濃度とホルモンの作用 72
血糖濃度の調節 72, 74, 75, 76
ゲノム 32
ケヤキ 112
原核生物 17

ゲンジボタルの移植
　　　　148, 150, 152, 154
　　――の問題点 151
顕微鏡 8
交感神経 62
抗原 94
抗原抗体反応 93
光合成 20, 21, 22
光合成曲線 118, 119
光合成量 116, 117
　　――の変化 136
甲状腺 65
酵素 20, 25
酵素の働き 22, 24
抗体量（の変化） 94, 96
好中球 89, 91, 100
光量 116, 117
呼吸 20, 22
呼吸量 116, 117
コンセプトマップ 71, 79, 100

さ

再生医療 49
細胞質基質 17
細胞数 116
細胞性免疫 92, 93, 100
細胞の観察 10
細胞の特徴 16
細胞の分化 48
細胞壁 17
細胞膜 17
さく状組織 117
桜島 120
自己チェック 153, 155
自己免疫疾患 77
視床下部 79
自然浄化 141
自然免疫 88, 89, 91, 100
樹状細胞 89, 91
種多様性 130
　　――と食物連鎖 134
消費者 133, 137
情報の伝達 70
　　――のコンセプトマップ 71
照葉樹（林） 110, 115

常緑広葉樹 117
食細胞 88, 89
食事による血糖濃度の上昇 74
植生と遷移 106
触媒作用 24, 25
植物 110, 112, 116, 118, 121
　――状態 62
　――と環境 123
　――の生育 110
植物プランクトン 137
食物網 132, 134, 135
食物連鎖 134, 140
自律神経系 62, 68, 71, 72
　――と内分泌系による調節の違い
　　　　 70
　――による情報伝達 64
　――の働き 62, 63, 68
人為的攪乱 142, 143
進化 6
真核生物 17
神経系と内分泌系による調節 54
心臓の拍動調節 68
心拍数の変化 59, 60
森林の階層構造 118, 119
すい臓 74, 75
　――のランゲルハンス島 B 細胞
　　　　 76
生活習慣病 77
生産者 133, 137
生態系 130, 133, 134, 136
　――サービス 145, 146, 149, 150,
　　　　 153
　――とその保全 126
　――における生物の役割 132
　――のつながり 136
　――のバランス 140, 142, 143
　――の保全 144
生態ピラミッド 136, 137
生物多様性 6, 132, 144
生物と遺伝子 32
生物の共通性 14
生物の多様性と生態系 106, 126
生物の特徴 2, 28
生命活動 18
脊椎動物 6, 7
接眼ミクロメーター 9
絶滅 138
遷移 120, 123

染色液 10, 32
選択的遺伝子 48
繊毛 17
ソテツ 113

た

体液性免疫 92, 93, 100
体細胞分裂 40
体内の変化 58
対物ミクロメーター 9
他者チェック 153
妥当性 152
タマネギ鱗片葉の表皮 10, 11, 12
タンパク質 24, 25
　――のアミノ酸配列 42, 43, 45
鳥類 6
チロキシン 65
ツルグレン装置 131
適応免疫 90, 91, 92, 100
デンプン 20, 24
糖質コルチコイド 75
糖尿病 72, 76, 77, 99
動物プランクトン 137
土壌動物の採集調査 130
土壌（の採取） 130, 132

な

内分泌系 68, 71, 72
　――の働き 64, 68
内分泌腺 65, 71
　――の働き 64, 65
二酸化炭素の吸収速度 119
二次応答 100
二次消費者 133, 140
二重らせん構造 35
乳酸菌 11, 12
　――の DNA 15
人間活動と生態系 146
ヌクレオチド 34
脳死 62

は

バイオーム 111, 113, 114, 123, 130,
　　　　 132
爬虫類 6
白血球 86, 88, 89
発表 152
葉の厚み 117

光 116, 118
光エネルギー 21
光と植物 123
光飽和点 118
光補償点 118, 119
被食－捕食の関係 133
ヒト口腔上皮 10, 11
ヒトデ 138
ヒトの DNA 15
ヒトの体の調節 54, 82
ヒト免疫不全ウイルス 98
病原体 87, 98
標的器官 65
表皮細胞 117
フィードバック（調節） 71, 75
富栄養化 141, 142
副交感神経 62, 75
フジツボ 138
ブドウ糖 20
踏み台昇降運動 58, 60
プレパラート 10, 40
分解者 133
文化的サービス 150
分裂期 41
ヘイケボタル 154
ペプシン 24
ヘルパーT 細胞 99
鞭毛 17
捕食と被食の関係 138
哺乳類 6
ホルモン 65, 69, 71, 72, 74, 75, 76
　――濃度の変化 78
　――の血糖濃度の調節 73
　――のフィードバック調節 65
　――の分泌量 64

ま

マグマ 120
マクロファージ 89, 91, 100
ミクロメーター 8
ミトコンドリア 17, 20
脈拍数 58
三次消費者 133
免疫 82, 86
免疫寛容 99
免疫記憶 94, 95, 100
免疫細胞 91
免疫と疾患 98

免疫の仕組み　　　　　　86
森の土壌　　　　　　　 133

や

溶岩　　　　　　　　　 120
陽樹　　　　　　　　　 118
陽生植物　　　　　 118, 119
陽葉　　　　　　　　116, 117
葉緑体　　　　　　　 17, 21
予防接種　　　　　　94, 100

ら

落葉広葉樹　　　　　　 117
裸子植物　　　　　 110, 113
ラムサール条約　　　　 145
ランゲルハンス（島 B）細胞
　　　　　　　　74, 75, 99
リボース　　　　　　　 18
両生類　　　　　　　　　6
林冠　　　　　　　　　 135

林床　　　　　　　 118, 135
リンパ球　　　　 91, 92, 100
レバー　　　　　　　22, 24

わ

ワークシートの評価　　156
ワードマップ　　　　　155
ワクチン　　　　　　　 95

執筆者一覧（◎は編者）

執筆者   **担当章**

生田　依子	奈良県立青翔中学校・高等学校 教諭	第3編第2章
宇田川麻由	筑波大学附属駒場中学校・高等学校 教諭	第1編第1章
大野　智久	昭和女子大学附属昭和中学校・高等学校 教諭	第1編第2章
◎金本　吉泰	酪農学園大学農食環境学群循環農学類 教授	第2編第2章
◎後藤　顕一	東洋大学食環境科学部 教授	高等学校理科の目的とは、コラム
◎藤枝　秀樹	文部科学省初等中等教育局 視学官	高等学校理科の目的とは
堀口　人士	北海道帯広三条高等学校 教諭	第2編第1章
吉田　朋子	大分県立安心院高等学校 主幹教諭	第3編第1章

コラム執筆者

◎野内　頼一	日本大学文理学部 教授
◎藤本　義博	岡山理科大学教育推進機構 教職支援センター長・教授
◎山口　晃弘	東京農業大学教職・学術情報課程 教授

■ 編著者紹介

藤枝 秀樹（ふじえだ ひでき）
文部科学省初等中等教育局視学官〔修士（理学）〕
岡山県生まれ
1990年 筑波大学大学院博士課程生物科学研究科中退
平成30年告示の改訂に携わる
元香川県公立高等学校教諭、元香川県教育センター指導主事

後藤 顕一（ごとう けんいち）
東洋大学食環境科学部教授・教職センター長〔博士（学校教育学）〕
東京都生まれ
2001年 東京学芸大学大学院教育学研究科修了
2016年 兵庫教育大学連合大学大学院 学校教育学博士
元埼玉県公立高等学校教諭、元県教育局高校教育指導課指導主事、元国立教育政策研究所総括研究官

山口 晃弘（やまぐち あきひろ）
東京農業大学 教職・学術情報課程教授
福岡県生まれ
1983年 東京学芸大学初等教育学科理科専修卒業
元東京都公立中学校 校長

野内 頼一（のうち よりかず）
日本大学文理学部教授、前文部科学省教科調査官
茨城県生まれ
平成30年告示の改訂に関わる
元茨城県公立高等学校教諭、元茨城県高校教育課指導主事

藤本 義博（ふじもと よしひろ）
岡山理科大学教職支援センター長・教授〔博士（学術）〕
岡山県生まれ
1999年 岡山大学大学院修士課程教育学研究科修了
2008年 岡山理科大学大学院総合情報研究科数理・環境システム専攻博士後期課程修了
元国立教育政策研究所教育課程調査官

金本 吉泰（かなもと よしひろ）
酪農学園大学 農食環境学群 循環農学類 教授〔博士（理学）〕
北海道生まれ
1998年 北海道大学獣医学部卒業
2022年 北海道大学大学院理学研究科博士後期課程単位修得退学
元北海道公立高等学校教諭、元北海道立教育研究所附属理科教育センター研究研修主事

装丁：岡崎 健二
執筆者似顔絵：鈴木 素美
人体イラスト：早瀬 あやき
本文イラスト：浅野 理紗、沖中 聖
編集協力：野々峠 美枝、山田 そのみ

本書のご感想をお寄せください

資質・能力を育てる高等学校の全授業
探究型高校理科365日　生物基礎編

2024年7月8日　第1版第1刷　発行

検印廃止

編著者	藤枝　秀樹
	山口　晃弘
	藤本　義博
	後藤　顕一
	野内　頼一
	金本　吉泰
発行者	曽根　良介
発行所	㈱化学同人

〒600-8074　京都市下京区仏光寺通柳馬場西入ル
編集部　TEL 075-352-3711　FAX 075-352-0371
販売企画部　TEL 075-352-3373　FAX 075-351-8301
振替　01010-7-5702
E-mail webmaster@kagakudojin.co.jp
URL https://www.kagakudojin.co.jp
印刷・製本　日本ハイコム㈱

Printed in Japan © H. Fujieda, A. Yamaguchi, Y. Fujimoto, K. Gotoh, Y. Nouchi, Y. Kanamoto 2024　無断転載・複製を禁ず
乱丁・落丁本は送料小社負担にてお取りかえいたします。　ISBN978-4-7598-2351-6

資質・能力を育てる高等学校の全授業

探究型 高校理科 365日 化学基礎編

高校化学の学習指導要領が10年に一度の大改訂を迎えた．2018年に改訂告示，2020年から新授業が開始した．新学習指導要領をどう読み込んで，どう授業に反映したらよいか…．化学教育に卓越した教員たちが，学習者の資質・能力を伸ばす探究型の授業を実践し，全授業のストーリーを披露！ 重要項目はとくに丁寧にまとめた．化学を教えなければならない先生方のバイブル．これから理科教員を目指す学生の必読の書．

B5判 2色刷 200頁
定価3,080円（本体2,800円）⑩
ISBN 9784759823509

●編者（所属は執筆当時）
後藤 顕一（東洋大学食環境科学部　教授）
藤枝 秀樹（文部科学省　視学官）
野内 頼一（日本大学文理学部　教授）
佐藤 大（独立行政法人大学入試センター　試験問題調査官）
伊藤 克治（福岡教育大学教育学部　教授）
真井 克子（文部科学省　教科調査官）　編

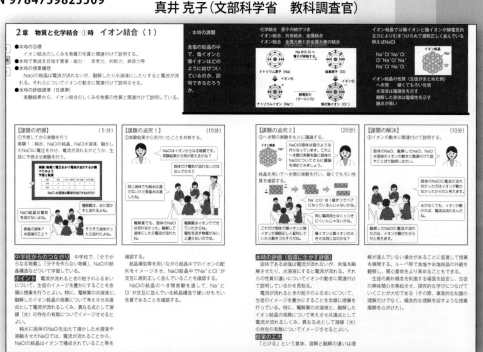

◆目 次◆
第1編　化学と人間生活　1　化学と人間生活
第2編　物質の構成　1　物質の構成粒子／2　物質と化学結合
第3編　物質の変化とその利用　1　物質量と化学反応式／2　酸と塩基／3　酸化と還元／4　化学が拓く世界